养老住区室内全装修
设计指南

中国房地产业协会养老地产与大健康委员会　主编

中国建筑工业出版社

图书在版编目（CIP）数据

养老住区室内全装修设计指南／中国房地产业协会养老地产与大健康委员会主编 . —北京：中国建筑工业出版社，2020.6 （2021.8重印）

ISBN 978-7-112-24977-0

Ⅰ . ①养… Ⅱ . ①中… Ⅲ . ①老年人住宅－室内装饰设计－设计标准－研究 Ⅳ . ① TU241.93-65

中国版本图书馆 CIP 数据核字（2020）第 044494 号

本书以我国养老住区现状及存在的问题为基础，通过调研和分析老年公寓及适老化住宅满足老年人的生理和心理需求为出发点，对老年客户需求及养老住区全装修设计原理的论述分析，对装修标准的编制工作提供正确、科学的方向。

本书第一章，养老住区的发展及全装修设计标准研究背景；第二章，养老住区室内装修设计；第三章，养老住区室内照明设计；第四章，养老住区室内色彩设计；第五章，养老住区室内软装设计；第六章，养老住区智能化设计；第七章，养老住区产品全装修典型实例；第八章，养老住区室内全装修发展方向。

责任编辑：毕凤鸣 封 毅
责任校对：张 颖

养老住区室内全装修设计指南

中国房地产业协会养老地产与大健康委员会 主编

*
中国建筑工业出版社出版、发行（北京海淀三里河路9号）
各地新华书店、建筑书店经销
北京建筑工业印刷厂制版
北京富诚彩色印刷有限公司印刷
*
开本：787×1092毫米 1/16 印张：11½ 字数：268千字
2020年7月第一版 2021年8月第二次印刷
定价：**99.00元**
ISBN 978-7-112-24977-0
（35730）

编 委 会

顾　　问　刘东卫　宋广菊　奚志勇

主　　任　江书平

副 主 任　万玉岩　华　山　余海燕

主　　编　罗　理　邱绍华　王力力

委　　员　沈力洋　刘云燕　陈凯光　姚　慧　郭延洲　周梦然
　　　　　孙浙勇　邝朱勇　郭晶晶　马　蕊　张达勇　杨　彬

参编单位

中国房地产业协会养老地产与大健康委员会

远洋装饰工程股份有限公司

亲和源集团有限公司

保利（广州）健康产业投资有限公司

技术支持

唐泽实业（上海）有限公司

深圳市视得安罗格朗电子有限公司

深圳壹零后信息技术有限公司

ＵＤＧ联创国际

东尼建筑装饰有限公司

上海千帆科技股份有限公司

上海沐恒实业有限公司

序 言

我国已经全面进入了老龄社会。

随着老年人口的迅速增加，对居住空间的需求也同样成为一个问题，一个需要大家共同关注、共同努力的"新问题"。

在人居问题上，我们在改革开放之后所取得的进步、发展和成绩，是有目共睹的。

我国的人居水平，已经成为我们改革开放的标志性成果之一。

我国的养老模式：以居家养老为主体、社区养老和机构养老为支撑和补充。

过去，对专业的养老机构和供老年人集中居住的建筑关注较多，也形成了专业的规范和标准。但是，根据我国的养老体系，百分之九十以上还是居家养老。

普通住宅怎样适宜养老，这就是一个问题，一个课题。

需要我们很负责、很认真地去对待它、去研究它。

毕竟我们已经是个老龄化社会；毕竟我们"家家有老人、人人都会老"。

中国房地产业协会所属的养老地产与大健康委员会，做了件好事。老人的问题，不仅仅是老人自身健康、愉悦幸福晚年生活的问题，也是年青子女们切切在心的问题，故而是一个全社会需关注的问题。

针对老年住宅的居住空间进行了调查考察、案例实践、采集数据、专题研究、行业交流，最后形成了《养老住区室内全装修设计指南》。

可能还不够全面、完整，可能还有可以商酌的地方，但是，这起码是开了一个好头，至少可以让我们建筑界的专家学者、建筑专业部门、从事养老服务的业内外同行引起重视，引起关注，引起参与。

图书的完成，是来自第一线实践者的努力，参与撰写的成员大部分是实践过养老项目的，这说明了两个问题：其一，课题的论文可能没有更深奥的理论高度，但视角都很鲜活和实在，反映了在实践中亟需解决的困惑；其二，体察到来自社会和市场的呼声，来自养老产品"需求侧"的呼声，从而改进我们的供给。老年住宅亟待提升，从建筑理论、建筑设计逻辑开始，建筑空间的合理布局、智能化的植入、装修标准的提高以及居住环境的优等。

老龄化是个社会问题，最终只有全社会的参与，才能妥善、优质、科学、合理地解决老龄化问题。

老年住宅也一样，只有整个社会形成合力，才能让新时代的老年群体从安居到优居，实现他们对品质化养老的梦想。

老年群体的养老梦想，也是我们"中国梦"不可分割的一部分。

让老年人"优先"，这是时代的大孝！

前　言

随着经济社会的发展，人民生活水平的提高以及老龄化速度的加快，促使我国养老住区的需求不断增加，对养老住区的室内居住环境品质要求也越来越高。如何能够编制出科学、人性化的装修标准来保障养老住区室内生活环境品质变得非常重要。针对这一背景，本书整合养老产业知名投资集团、专业养老运营服务企业、专业养老室内装修设计工程公司、专业养老住区智能化设计工程公司的专家资源，聚焦于养老住区室内全装修设计标准研究专题，通过考察大量运营中的实际项目，开展系统性、专业化的实践研究，从满足老年人对居住空间的宜老需求出发，通过对养老住区室内全装修设计标准的制定要素：室内装修、色彩、照明、软装设计与智能化设计的分析论述，以期能为养老住区全装修设计标准制定提供具有指导意义的研究资料，促进养老住区全装修产业向智慧化、健康化、人性化、高品质方向发展。

本书由以下八个章节组成：

第一章，养老住区的发展及全装修设计标准研究背景；第二章，养老住区室内装修设计；第三章，养老住区室内照明设计；第四章，养老住区室内色彩设计；第五章，养老住区室内软装设计；第六章，养老住区智能化设计；第七章，养老住区产品全装修典型实例；第八章，养老住区室内全装修发展方向。

第一章由中国房地产业协会、远洋装饰设计院、保利健康产业投资有限公司、上海亲和源老年生活形态研究中心的专家领导从"有所居，是人的基本需求"理念出发，对中国养老住区的发展历程及现状进行解读，并阐述本书的背景及范围。

第二至五章着重通过对养老住区全装修设计标准制定的各设计要素进行分析论述，阐明由于养老住区在装修设计上的特殊性及专业性，在未来全装修设计标准的制定过程中一定要站得高、看得远、尊重设计要素的科学性，以可持续发展、人性化的理念去编制标准。

第六章分析论述目前养老住区的智能化设计理念，主要从未来智能化设计对提升养老住区的运营管理效率，保障老人生活安全性的角度阐明智能化也是全装修设计标准制定过程必须考虑的重要因素。

第七章提供目前国内外养老住区各类型产品的全装修典型案例说明。

第八章从四个方面对未来养老住区室内全装修发展方向做出思考指引。

希望本书能在当前形势下，为养老住区全装修设计标准的制定起到参考借鉴的作用，由于中国的养老住区全装修产业还处在发展过程中，中国老年客户群体的属地化生活方式差异大，不同时代出生的老年客户需求有很大的不同，而且在不断地变化，所以本研究课题重在对老年客户需求及养老住区全装修设计原理的论述分析，对装修标准的编制工作提供正确、科学的方向。

目 录

第3章

养老住区室内照明设计

第4章

养老住区室内色彩设计

第5章

养老住区室内软装设计

第6章

养老住区智能化
设计

第7章

养老住区产品全装修典型实例

第8章

养老住区室内全装修发展方向

第1章
养老住区的发展及全装修设计标准研究背景

1.1 中国养老住区的发展历程

有所居，是人的基本需求，"住"是人类生活的基本要素。

我国现代建筑学的奠基人、创始人梁思成先生说："建筑学的根本，有两大目标，一是实现'居者有其房'，二是建筑要讲究体型环境。"

在中国住宅百年变迁中，当代老年人的居住空间经历了从传统到现代、从生存必须到生活改良再到舒适品质等若干阶段。

中国传统的住宅形式多为院落布局，北方四合院和南方的石库门都是典型代表，按中轴线东西两侧住房对称，正房朝南，厢房在侧，另有耳房和小院。院中铺地砖，两旁可种树木花草，形成一个舒适宁静的居住环境。

民国时期，大城市中出现了高层建筑，在被西方人称为"冒险家乐园"的上海，一些富有的人已经仿效外国人的生活方式修建了独院式高级住宅。房屋不高，大多是平房或两层的小楼，房屋通常有壁炉、卫生设备、大小卧室、健身房、汽车间，周围环境特别讲究庭院绿化，有草坪甚至有大理石的喷水池，被称为花园别墅。

新中国成立后，在计划经济背景下，采用福利分房制度。借鉴苏联住宅模式，以政府改造及新建为主，除平房外，大多数为4层左右的小楼，独门独户，屋顶较高，达3米左右，有的高达3.5米，窗户却很小，不够畅朗，居室通常是大间套小间，没有厅，只有一个狭窄的过道。这时期新建的住宅小区通常称为新村，有公共浴室等基础配套设施，住户是普通职工。

"文革"期间无法顾及民宅建设，至20世纪70年代末，全国城镇住宅面积约40亿平方米，其中新中国成立后新建的仅占百分之十几，城市人均住宅面积仅3.6平方米。大多数家庭，父母与子女住在一间屋子里，三代人、四代人同居一室也很平常。就是说，当时全国城市绝大部分人住的是新中国成立前的房子，陈旧不堪，杂乱无章。再加上50年代盲目生育，70年代进入生育高峰，子女多了住不下，院子里搭出个坯间，或者盖间小厨房，腾出来的厨房住人，能想的法子都想到了。于是，迫于人口与住房的矛盾，大杂院出现了，大杂院里通常住着10多户甚至更多的人家，共用一个厕所，有些还是不分男女的，很不方便。华北的四合院、江南水乡的秀丽庭院，能保持原貌的不多，大部分成了大杂院。

80 年代，在改革开放的风潮中，可以自由买卖的商品房逐渐兴起，深圳作为新兴城市的代表，居民住房条件最优越，新建住宅每套平均建筑面积 83 平方米，比全国平均数高 60%，比香港居屋计划高 52%。与日本住房室内装修质量很高，尤其厨房、厕所设施十分讲究的"小而精"的特点相比，深圳商品房属于"大而粗"。

90 年代的住房加大了客厅、厨房、卫生间、阳台的面积，较高档次的住宅还有餐厅、书房、储藏室，卧室以外的居住空间大大扩展。1995 年，国家在城镇启动了"安居工程"，让中低收入的职工能以较低价格买到合适的住房。至 1998 年全国城镇居民人均居住面积 9.2 平方米，超过了 8 平方米的目标（当时的"居住面积"是按照卧室面积计算的）。90 年代中后期随着社会经济的进一步多元化，住房改革力度加大，以商品房、经济适用房、安居工程为主的多层次住房体系开始形成，纳入了不同的投资、建设方式。针对不同的社会阶层，国家不再限制住宅的最大面积，只对最低限额做出规定，以保障适当的居住水平，因此代表不同居住标准的住宅空前丰富起来，普通居住面积从 40 平方米到 200 平方米不一而足。

2000 年之后，高层、超高层，独栋、联排、叠排别墅等住宅形式多样，在户型上除了传统的一室一厅、二室一厅、三室一厅之外，多厅和多卫生间的住宅更加受到欢迎，车库和保姆房也成为高档住宅的标准配置。

居住条件的变化不仅反映在城市中，农村住宅也面貌一新：50 年代盖草房，60 年代建瓦房，70 年代加走廊，80 年代砌楼房。2005 年十六届五中全会提出的建设社会主义新农村，更是加速了农村住宅水平的提升，2016 年住房和城乡建设部、国家发展改革委、财政部推出的特色小镇建设，更将带来乡镇一级的发展建设。

随着市场经济的高速发展，房地产行业市场化程度的深入，住宅已成为大宗的个人消费商品。在建筑、信息、通信技术的快速革新的背景下，标准化设计和工业化建造以及新型材料和设备的广泛运用，在可以预见的未来，住宅形态和功能将更为丰富。

1.2 大力发展养老住区，是人口结构变化、社会文明发展的基本诉求

根据国家统计局数据，2016 年末，60 周岁及以上人口 23086 万人，占总人口的 16.7%；其中 65 周岁及以上人口 15003 万人，占总人口的 10.8%。预计到 2020 年，全国 60 岁以上人口将达 2.55 亿，占全国人口比重 17.8%。未来，中国人口的世代更替将越来越慢，2053 年中国人口老龄化将达到峰值，

60 岁以上人口将增长到 4.87 亿，占总人口 35% 左右。但是，从现在开始一直到 2053 年的过程中，老年人死亡的人数也将接近 5 个亿。也就是说，到 2053 年，社会将面对将近 10 亿老人的赡养问题。

人口结构的变动、经济的发展、社会文明的进步，带来家庭居住模式的变动，根据国家卫计委发布的《中国家庭发展报告（2015 年）》显示，目前空巢老人占老年人总数一半，其中独居老人占老年人口总数近 10%，老年夫妻户占老年人口总数 41.9%。在《中国老年人居住方式分析》中指出，当代中国老年父母与其子女的居住安排主要受双方经济资源影响，父代和子代的经济条件越好，同住的可能性越低。可见，未来老年住宅户比例将持续上升。

当前数据显示，82.4% 的 60 至 64 岁老年人（或配偶）有房产，80 岁以上的老年人自有房产比重约为 43.9%。随着老年人感知能力的衰退、生理功能的下降、心理特征的变化、行为特征的转变，都将对居住环境产生更强烈的依赖。

需求推动供给，进入新世纪，中国的房地产业开始形成老年地产的细分市场，2010 年起，房地产业内逐步转向以需求为导向的发展思路，倡导更为人性化的通用设计，2012 年全国各大城市均有大型企业进入养老地产行列，2015 年各地大型养老地产项目形成规模。

蓬勃发展的养老地产行业是人口结构引发住宅需求变动的良好佐证。我国著名建筑设计大师、中国工程院院士、清华大学建筑研究院创办人、学科带头人吴良镛院士说："建筑这学科的发展是同社会发展所产生的问题互相联系的。"

1.3　养老住区全装修设计标准研究背景及范围

1.3.1　研究背景

目前，我国 60 岁以上老年人口中大多数在家养老。随着我国家庭户型趋于缩小即 "4.2.1" 家庭供养关系的逐渐增多，家庭养老功能趋于弱化和现有的住区配置适老化程度不够，老年居住条件和居住环境都是不理想。

养老住区不仅承载着老年人居住的根本功能，还对其生活安全性、健康性及服务需求达成的便捷性等产生重要影响。在老龄化进程加剧、社会经济发展水平不断提高的背景下，老年建筑相关规范及标准研究、设计研究也逐渐引起了政府、行业与学术机构的重视。

我国在 1999 年进入老龄化社会，同年 10 月 1 日强制性行业标准《老年建筑设计规范》JGJ 122—99 出台后，陆续发布《老年人居住建筑设计标准 GB/T 50340—2003》、《中华人民共和国国家标准 / 住宅建筑规范 / GB 50386—2005》，《老年养护院建设标准建标 144—2010》、其中最新国家标准为《老年人照料设施建筑设计标准》JGJ 450—2018 等标准及规范，实施日期为 2018 年 10 月 1 日。同时学术界也纷纷开展相关课题研究，如《老年居住环境设计》(1995 年，根据国家自然科学基金项目《城市老年居住建筑环境研究》的研究成果撰写而成），《老年人居住外环境规划与设计》(2009 年，武汉大学王江萍著），《老年住宅》(2011 年，清华大学周燕珉著）等。

中国建筑学的开创人梁思成先生说："我们每一位建筑师都应该关心构成建筑物体型环境的要素。大到一座城市，小到一件工艺品，都有它的形体环境。"当然梁先生不仅是位严肃的建筑学家，也是一位浪漫的美学专家。他用艺术的、审美的眼光去审视每一件建筑物。给予建筑物历史的、美学的、功能的、人文的存在价值。

住宅也一样，老年住宅，也更是如此。老年住宅不仅提供居住，还具有它特定的功能。吴良镛大师说："新建筑远比当今单体建筑具有更加综合的范围。"他还说，"建筑不仅仅是一所房子，建筑的核心是为人服务、为社会服务"。老年住宅，不仅仅是让老人居住，也必须具备为老年人服务、替社会尽"孝心"的功能。

由于历史的原因，以前我国多注重以研究养老机构（福利院、养老院、老年住区设施等）为主，比较符合我国国情的养老住区模式研究则相对较少，而相关规范标准主要是针对养老单体建筑类型各自的特点加以原则性的标准控制和空间尺寸规定，没有将养老住区各类型产品系统地整合、归纳并给出适合国情的具体装修设计标准。

为加强与规范老年住区的建设，提高工程项目决策和设计水平，推进我国养老服务事业的发展，根据《中华人民共和国老年人权益保障法》，由中国房地产业协会、远洋装饰工程股份有限公司向住房和城乡建设部申报"养老住区室内全装修设计标准研究"的研究课题，为政府推进全国养老住区建设工作提供咨询，为养老住区全装修设计提供标准依据。

1.3.2 研究范围

1.3.2.1 研究养老住区全装修设计标准制定要素

生态和绿色、环保在建筑行业已经不是新鲜的词汇了。从外部环境的生态到内部环境的优化，从居住环境的绿色到室内装修材料的环保，从气象环境的品质维护到居家的"物候"条件的恒定……对于老年住宅在目前的生态环境下，特别应该重视。由于目前的经济社会的发达、科技水平的提高和社会伦理道德的进步，关于老年住宅的"生态环保和绿色"不仅需要提出新的标准，而且更应该超出一般装修标准，形成前卫的、高水平的、高品质的甚至是引领性的"生态"标准。

室内的"物候"稳定已经不是什么新技术，比如德国在国内也有案例。根据众多养老机构的实践和观察，人到高龄，年岁越大，对"物候"的反应能力、适应能力和调试能力都会相应变弱。高龄老人特别需要在一个"恒定"的物候条件下生活，比如，恒温、恒湿、恒空气质量。

目前实施"三恒"，并把它作为标准严格"规定"，"经济社会"可能还不能全面支撑，所以作为导向性的研究并做推介，这也是为什么要做老年住宅标准研究的原因。按目前老年住宅的"客观需求"已经形成了市场需求量大、各地区物质条件不平衡之间的矛盾。所以把"标准"做成课题，以便对整体的老年建筑市场起到建设性作用。可以这样说，在经济发达地区，支持高龄老人特别是康复期的老人，"三恒"已经成为"必需"。

老年的居住环境和居住空间，需要恒温、恒湿、恒空气质量，在目前阶段是不是将成为住宅的发展方向，这有待研究讨论。但是对于老年人，特别是高龄老人，或者是康复期老人，可以认定为"必需产品"和必备的条件。

有些产品所属的行业，可能还处于研发期和推广期。本课题就是希望能够从需求出发比较详尽地叙述"产品"的体系和功能。甚至能同这些先进产品商的联动、指导、切磋和参与，更有效地为需求者服务，这也是本课题的初衷和愿望。

"三恒"产品如何同老年人的生活需求结合起来，可能会形成本课题的子课题，但"三恒"产品进入老龄产业领域，发展趋势是十分明了的。

1.3.2.2　研究养老住区的智能化、智慧化发展

最近因为智能机器人的快速发展，特别是 Alpha Go（阿尔法狗）同围棋高手的对弈，胜多败少。所以机器人的发展方向很快成为社会的热门话题。很多"有识之士"纷纷进行"天马行空"般的想象。基本上都会有一个共同的指向：未来的机器人可以进入老年服务行业。首先，机器人会代替护工；机器人会成为老年人"理所当然"的陪伴人。这种前景会令人鼓舞吗？会给老年人一个幸福的晚年吗？其实机器人的进步，一定会代替一部分人工，一定会代替一部分现有的职业，但是一定不会替代"体现人文关怀、体现社会伦理、体现传统文化"的对老年人的赡养和照护。

我们已经可以清晰地听到第五次科技革命的脚步。未来的人类生存空间及社会结构都会有革命性的变化，信息化将是时代的主流，智能化将是社会的共享平台。

养老住区的智能化、智慧化也将走在潮流前列。智慧养老住区是以养老住区运营服务模式为基础，以信息化为驱动力，通过软、硬件智慧设备、设施为载体，通过 IP 可视对讲系统智能终端及云平台，形成高效、生态的新型的养老照护系统，围绕服务对象（老人及其家属、投资方、运营方）提供精准、专业化、全方位的数据支撑服务，实现住区养老服务的高效运营。老年人可以通过视频系统与住区运营管理中心保持联系，不会因为独自在家而感到孤独，老年人的异常情况会及时通知到护理人员，子女们可以实时了解

到老人的生活情况、健康状况，智慧养老是养老住区发展的方向。

1.3.3 研究成果转化

中国房地产业协会养老与大健康委员会于 2017 年 10 月主持召开了《养老住区室内全装修设计标准研究》课题启动会。在两年的调研和编写过程中，课题组走访了国内外多个城市，召开了多次座谈会，获得了大量一手资料，并且重点调研和考察了远洋装饰工程股份有限公司、亲和源集团有限公司和保利（广州）健康产业投资有限公司等在养老住区设计方面走在市场前沿的企业。课题组根据大量案例的实际居住效果，修正了标准的设计数据，大大提高了标准的准确性。2019 年 10 月 11 日，《养老住区室内全装修设计标准研究》经评审专家一致同意，通过住房和城乡建设部课题验收（图 1.3-1、图 1.3-2）。部分调研照片见图 1.3-3 ～ 图 1.3-8。

《养老住区室内全装修设计标准研究》
验收意见

2019 年 10 月 11 日，住房和城乡建设部科技与产业化发展中心受部标准定额司委托，在北京主持召开了住房和城乡建设部科技计划项目《**养老住区室内全装修设计标准研究**》(2015-R4-008)验收评审会。验收专家委员会（名单附后）听取了项目承担单位的汇报，审阅了验收资料，经认真讨论，形成验收意见如下：

1、本课题内容全面、资料详实，达到了课题验收要求。

2、本课题在梳理养老住区室内全装修标准研究方向的基础上，提出了养老住区室内装修设计标准框架、构成要素。通过国内外养老住区案例调研，从室内空间设计、色彩设计、照明设计、软装设计和智能化设计五个方面进行了重点分析论述，最后总结提炼出养老住区全装修设计发展方向及标准制定的建议，课题成果对我国养老住区室内全装修的高质量发展具有重要的意义。

3、本课题研究成果深入、结论准确，研究成果达到了国内领先水平。

4、希望课题组按照验收专家委员会专家提出的建议进行完善。

验收专家委员会专家一致同意《养老住区室内全装修设计标准研究》通过验收。

验收委员会主任委员：

副主任委员：

2019 年 10 月 11 日

图 1-3-1　课题验收意见

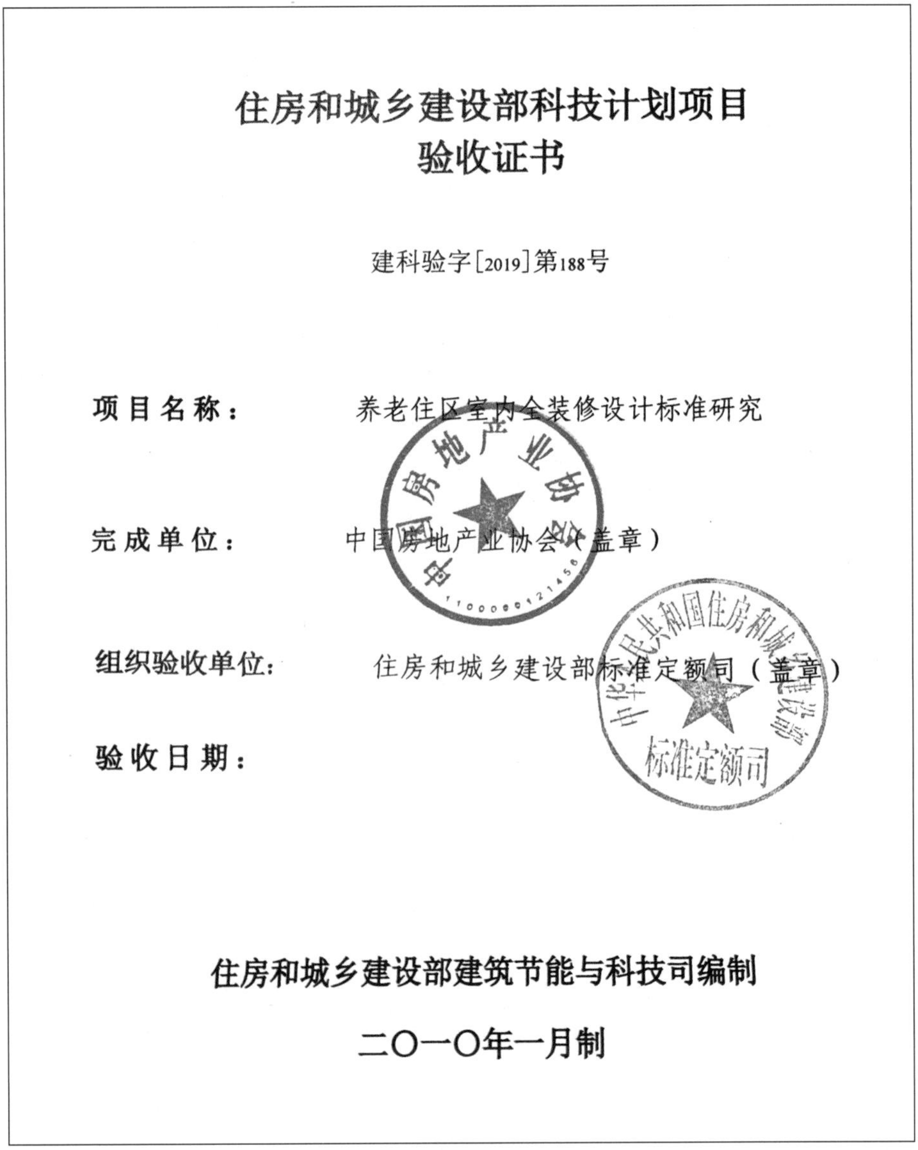

住房和城乡建设部科技计划项目
验收证书

建科验字〔2019〕第188号

项目名称： 养老住区室内全装修设计标准研究

完成单位： 中国房地产业协会（盖章）

组织验收单位： 住房和城乡建设部标准定额司（盖章）

验收日期：

住房和城乡建设部建筑节能与科技司编制

二〇一〇年一月制

图 1-3-2　住房和城乡建设部科技计划项目验收证书

图 1-3-3　2017年10月在北京召开课题讨论会

图 1-3-4 2018年6月初课题组在参编单位调研

图 1-3-5 2018年6月初课题组在上海调研

图 1-3-6 2018年6月底课题组在日本考察1

图 1-3-7　2018 年 6 月底课题组在日本考察 2

图 1-3-8　2019 年 10 月 11 日住房城乡建设部召开专家审查验收会议

　　为了进一步发挥课题成果对我国养老住区全装修高质量发展的重要意义，课题组又对内容进行了充实和优化，丰富了案例，补充了图片，最终形成《养老住区室内全装修设计指南》一书。在这过程中，唐泽实业（上海）有限公司、深圳市视得安罗格朗电子有限公司、深圳壹零后信息技术有限公司、UDG 联创国际、东尼建筑装饰有限公司、上海千帆科技股份有限公司、上海沐恒实业有限公司提供了丰富的资料图片，使本书得以加入实际案例的展示与分析，给读者带来更直观的阅读体验，也为养老服务从业人员、建筑设计专业人士和关注养老产业的社会相关人士提供了一定的参考。

第 2 章
养老住区室内装修设计

2.1 养老住区定义及产品类型

2.1.1 养老住区定义

养老住区是涵盖适合老年人起居生活使用，符合老年人生理、心理要求的居住建筑，以及为老年人提供生活起居、文化娱乐、康复训练、医疗保健等服务的公共建筑、活动场所的综合性老年生活聚居区域。

2.1.2 老年客群分类

（1）老年人（age people）。年满 60 周岁及以上的人。

（2）独立生活老人 IL（Independent Living aged people）。生活行为完全自理，不依赖他人帮助的老年人。

（3）协助生活老人 AL（Assisted Living aged people）。生活行为依赖扶手拐杖、轮椅和升降设备等帮助的老年人

（4）专业护理老人 SN（Skilled Nursing aged people）。至少有一项日常生活自理活动（一般包括吃饭、穿衣、洗澡、上厕所、上下床和室内走动这六项）不能自己独立完成的老年人。按日常生活自理能力的丧失程度，可分为轻度、中度和重度失能三种类型。

（5）失智照护老人 MC（Memory Care aged people）。因脑部受伤或疾病导致的渐进性认知功能退化，包括记忆力、注意力、语言能力和解题能力等的退化，严重时无法分辨人、事、时、地、物的老人。

2.1.3 养老住区产品类型

目前中国主流养老住区产品根据不同健康状态老人的居住特性及规模大小分为三大类型，俗称 3C 养老住区产品。每种类型为不同的老年客户群体定制，提供各层级服务。

1. CLRC 长者复合社区

CLRC，全称 Continuing Life Retirement Community，是以 IL 独立生活

老人为主，护理类老人为辅的持续生活养老住区产品，通过提供优美的居住环境，专业的养老服务和适老设施，重塑老人的健康养生、社交参与和持续学习的生活体验，为老人营造理想的养老生活场所，属于大型规模的综合性养老住区，面积规模在 20000m² 以上。

目标老人及建议居住比例：

（1）独立生活老人　IL　65%～75%

（2）协助生活老人　AL　20%～25%

（3）专业护理老人　SN　　5%～15%

图 2-1-1

2. CB 协助护理型养老公寓

CB，全称 Care building，是以 AL 协助生活、SN 专业护理、MC 失智类老人为主，IL 独立生活老人为辅的照护型中等规模的养老住区产品，面积在 8000～20000m² 左右，具备餐饮、文化娱乐、医疗康复服务体系，能够对老人提供心理和生理上的专业护理服务。

目标老人及建议居住比例：

（1）独立生活老人　IL　20%～30%

（2）协助生活老人　AL　30%～40%

（3）专业护理老人　SN　20%～30%

（4）失智照护老人　MC　20%～30%

3. CC 社区老年生活照料中心

CC，全称 Care Center，是一种主要为周边居住社区内无人照料、生活不能完全自理、日常生活需要一定照料的老年人提供膳食供应、个人照护、保健康复、休闲娱乐、短期居住、日间托养服务的小规模养老住区产品，面积一般在 8000m² 以内。这种产品模式强调与成熟社区结合，以贴近社区、贴近家庭为特点，使长辈在原居住社区周边即可获得专业、便捷、舒适的高品质养老服务。

目标老人及建议居住比例：

（1）独立生活老人　IL　10%～20%

（2）协助生活老人　AL　30%～40%

（3）失智照护老人　MC　40% ～ 50%

图 2-1-2

图 2-1-3

2.2　室内装修设计理念

2.2.1　根据养老住区产品特性进行室内装修设计

1. 消费群体的专一性

它是"针对老年人提供的居住生活产品"。

2. 产品设计的特殊性

根据老人的生活与生理特点提供医疗照护的交通路线、配套设施设计。

3. 社区活动的广泛性

从娱乐、学习、交往、情感等方面进行功能设计，营造老人的价值感场所。

4. 生活习惯与审美偏好的属地性

在中国由于文化及地区经济发展不平衡，地域差异性大，造成养老住区的护理服务及经营模式有很大的差异，在进行装修设计时必须"因地制宜"充分考虑地域文化因素，尊重当地老人的生活习惯。

2.2.2　以老年客户需求为导向进行装修设计

1. 70 岁以上高龄老人的需求特点

（1）岁数较大，身体状况较差。由于高龄老人岁数大，行走较为不便，需要有人陪护。

（2）经济消费意识弱，生活节俭。大多数高龄老人因为年轻时的生活经历，习惯了艰苦朴素的生活，珍惜各类生活物品，且不愿丢弃。

（3）思想较为保守，子孙多。中国传统思想观念深深影响着这代老年人，他们子孙众多，并且有很强的家庭观念，希望能与后代一起生活。

2. 60～70 岁低龄老人的需求特点

（1）身体较为硬朗，生活可以自理。大部分低龄老人选择不与子女同住，老人夫妇一同居住在自己家中或养老社区。

（2）经济水平一般，有一定积蓄。随着我国经济发展，低龄老人的生活水平较高龄老人有所提升，部分享有福利分房等福利，退休后有一定的积蓄，不必完全依靠子女。

（3）儿女较多，且与孙辈关系较为密切。低龄老人所育子女较多，且能帮助子女养育孙辈，故与孙辈关系较为密切。

3. 55～60 岁准老人的需求特点

（1）一部分准老人只有一个子女，且与子女异地居住。一部分准老人的子女为接受高等教育或工作等原因离开家乡，前往经济和文化发展较好的大城市生活并定居于此，与父母长期异地。

（2）一部分准老人经历过我国经济快速发展时期，经济条件尚可，有能力协助子女买房。有的老人需要长期往来于家乡与子女所在地。

（3）一部分准老人教育水平较高，接收新鲜事物的能力较强。与子女异地居住的一部分准老人能学会使用互联网、手机等通信设备与子女联系。

图 2-2-1 老年
生活

2.2.3　创造健康、快乐、安心、有尊严的生活环境

养老住区通过室内全装修为老人打造一个舒适的居住环境，必须包括两方面内容：一是满足老人的各种生活服务功能需求，包括居住、餐饮、医疗、娱乐、学习、运动等功能场所。二是通过风格设计唤起老人的审美感受，满足老人的精神需求，并让老人在兼具适老化功能与装饰艺术设计的美学空间环境中感受到存在的价值。

要做到以上两点，应该从以下三个方向去进行室内装修设计：

2.2.3.1　合理规划养老生活的三大功能区域

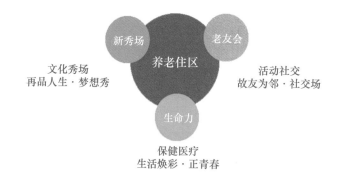

图 2-2-2 养老
生活的三大区域

2.2.3.2　运用室内装修美学原理营造绿色、健康、温馨、舒适的室内环境

养老住区的室内装修设计中应首先控制好空间造型尺度的宜老性，其次根据不同地域老人的色彩风格氛围偏好去把控空间的整体舒适度，最后通过生活化的绿植、装饰品、艺术陈设的点缀，让老人感受到酒店般的尊贵优雅，居家式的温馨环境氛围（图 2-2-3）。

图 2-2-3 营造
绿色、健康、
温馨、舒适的
室内环境

2.2.3.3　充分尊重当地人文环境，将功能设计、色调氛围的打造与当地文化融合

　　中国地域广阔，东西南北气候差异很大，不同地区经济发展也不平衡，造成老人的生活习惯、审美偏好属地性很强，在进行室内装修设计时一定要全方面调研当地老人熟悉的生活方式及空间美学偏好，在这基础上加以提炼，才能真正设计出老人们喜欢的生活居住环境（图 2-2-4）。

图 2-2-4　设计充分尊重当地人文环境、将功能设计、色调氛围的打造与当地文化融合

2.2.4　适老化、人性化的设计细节

　　适老化设计是养老住区中最基本也是最重要的装修设计内容，在进行室内空间适老化的细节设计时，一定要从以下两个人性化的角度开展设计，具体的细节我们会在后面的章节进行展开论述。

图 2-2-5　适老化、人性化的设计细节

（1）从老年生活的发展趋势——慢生活康养的生活方式角度思考适老化设计理念。

（2）从老人的感情、心理及身体特征角度出发考虑适老化设计细节。

2.3 室内空间平面功能设计

2.3.1 CLRC长者复合社区的室内平面功能规划设计

2.3.1.1 公共区域平面功能分区设计

CLRC 长者复合社区内老年人室内公共空间的设计要遵循丰富多样、开放共享的原则。丰富的活动空间对于老人是非常必要的。在公共空间形式设计上，要能够集中而开敞，形成热闹的氛围。能定期举办一些社交活动，促进老人之间的交流。根据老人心理上的需求，公共区域规划为以下三大功能区。

1. 文化学习功能区

如：老年大学（学堂）、文化艺术展厅、手工书画区域、舞蹈、音乐室、阅览书吧、禅修室等（图 2-3-1）。

图 2-3-1 文化学习功能区

2. 聚会聊天功能区

如：大堂吧、茶吧、演艺中心、Party 房（私人聚会厅）、棋牌室、台球、乒乓球室、休闲沙发区（图 2-3-2）。

图 2-3-2 聚会聊天功能区

3. 健康医疗功能区

如：健康评估管理中心、康复治疗中心、老年中医保健中心、社区老年护理院（医疗中心）（图 2-3-3）。

图 2-3-3　健康医疗功能区

2.3.1.2　居住单元平面功能设计

由于老年人健康状态和生活状态的不同，他们对住宅的功能需求较之中青年人有很多不同。老人在生活中的许多喜好和习惯看上去都是小细节，但在平面功能设计中尊重这些细节对保障老人的安全和舒适起着至关重要的作用。

1. 起居室应空间灵活，适应多种需求

与朝九晚五的年轻上班族不同，老年人在家中停留的时间更长，起居室作为老年人睡眠之外是停留时间最长的空间。在调研中我们发现老年人在起居室内进行的主要活动有：看电视、待客、阅读书籍、看报纸、家务劳动（如熨烫衣物，包括一部分备餐工作）、兴趣爱好活动（如插花、写书法、画画等），这些活动大部分都需要一个比较宽敞的台面，这个台面常常由餐桌来兼任，所以在老年居住单元，起居室尽量设计一个多功能小餐桌会很受老人欢迎。

2. 重视起居空间的展示性、适老性

老人喜欢摆自己喜爱的装饰品，起居室的功能设计中必须预留展示性空间，其中很多装饰品需要挂起来。老年人起居室内常见的装饰品有：盆栽、鱼缸、字画、古玩、挂钟、挂历等。

起居室电视与沙发视距不宜过大，对于视力与听力都有所衰退的老年人来说，起居室面宽过大反而会使老人看电视时看不清字或听不清声音。所以，一度很流行的大面宽起居室，在实际使用中并不受老年人的欢迎。

3. 注重老年人的储藏空间设计

老人需要大量的储藏空间，许多老人往往不舍得扔掉旧物，加之经过长时间的积累，家中常常有大量的闲置物品。有些老人不但不舍得扔掉自己的东西，还会保存一些儿女淘汰的家具、电器、衣物等。因此，老年人的家中一大特点就是杂物多、旧物多。如果没有足够的储藏空间，家中就会堆积很多杂物使房间变得混乱，因此老年人的每个房间内都要多设计储物柜。

4. 注重老年人能方便取放的置物空间设计

老年人或多或少的存在记忆力衰退的现象，所以他们更喜欢将物品放在容易看到和取放的位置，例如茶几、床头柜或家具的明格内，以方便寻找和随手取用。在入口玄关区及卧室，要充分利用空间设计有这样的置物空间。

2.3.2 CB协助护理型养老公寓室内平面功能规划设计

2.3.2.1 室内平面功能分区设计

CB型养老公寓的功能空间针对居住老年客群的需求分为以下五大类型（见图2-3-4），各功能空间在布局设计时考虑相对独立，又能相互融合在一起，不同类别的功能空间过渡设计必须和谐、自然，三大交通流线设计（入住老人、访客人群、工作人群）必须要合理分开。要注意动静分离，相似类型的功能区尽量排在一起，最大程度减少交通面积。

平面规划布局建议参照美国 Well 健康标准的七大体系进行设计，充分利用自然采光及自然通风，打造健康的室内环境，注重安全性与舒适性的适老化设计、无障碍设计。通过降低设备声响，严格动静分区。内部功能布局设计与运营管理完美结合，在管理空间及流线的设计上做到最优，使运营效率大幅提高，并降低人力成本。

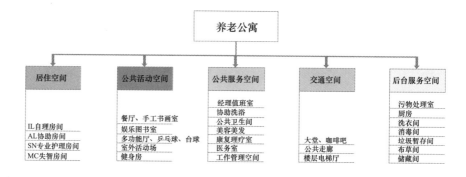

图 2-3-4 养老公寓室内平面功能分区设计

2.3.2.2 重点功能空间设计要点

1. 大堂

入口大堂门厅是整个养老公寓公共区域的门面，是建筑内人流的交汇之地。在这儿每一个人都会感受到老人之家的氛围。老人们的休息等候吧是必备的功能空间，必须给老人及家属良好的第一印象。接待、销售区域也是非常重要的功能空间，销售团队将在销售区域会见和接待客人，并提供参观服务。

2. 公共餐厅

公共餐厅服务于独立生活老人 IL、协助护理老人 AL 及老人家属、访客，面积上必须能够容纳 IL 及 AL 类型老人总数的 80% 同时就餐的需要，同时最好有开阔的景观视野，这一空间也可以用于在中国的传统节日举办活动，或者特别的文化展示活动及其他的功能。餐厅视空间大小可提供包间，供老人家庭宴会时使用。厨房紧邻公共餐厅，可以提供直接的联系和便捷的服务，厨房同时为各楼层老人提供送餐服务。

3. 公共活动空间

公共活动空间的设计分为"静"区和"动"区，静区包括书画、阅览区，动区包括演艺、桌球、乒乓球、器乐、舞蹈、棋牌等区域，演艺区通常设置成可以容纳 100 人左右的多功能厅，除了可以作为老人观看电影的娱乐场所，还可以提供员工的日常培训、业务交流等活动。其他公共空间还包括美容美发、康复训练和医疗健康服务功能区。

4. IL 独立生活老人客房区

IL 独立生活老人客房区设计对景观朝向要求高，尽量选择在高楼层或好的建筑朝向能够眺望远山风景。居住单元内部设置简易厨房，老人既可以在客房内简单制作和加热饭菜，也可以选择去公共餐厅用餐。公共走廊区域不需要太宽敞，只需设计局部小面积的休息区供老人休憩、聊天，尽量让老人去特意设计的公共活动区域参与集体活动，加强老人之间的互动交流。

5. AL 协助生活老人客房区

AL 协助生活老人客房楼层，必须设有充足公共活动空间，包括餐厅、起居室、活动区，老人可以在这享用很多活动和功能设施。轻度协助生活老人可以选择在所在楼层用餐，也可以选择到公共餐厅用餐。

6. SN 专业护理老人客房区

SN 专业护理老人对短期的康复和护理有特别的需求，楼层必须设有公共活动空间及餐厅，方便所有入住的老人能在居住的楼层用餐，楼层公共活动区必须设计一些康复训练活动的区域。

2.3.2.3　运营服务空间设计要点

CB 型养老公寓中，运营服务功能区的设计也是非常重要的，集成式布置和洄游动线串联是两个核心的设计要点。在养老设施当中，通常会将大量的运营服务空间集中布置在临近公共活动区的位置上，通过一条连续的洄游动线串联起协助洗浴室、公共卫生间、污物处理室、储藏间、护理站等辅助用房（见图 2-3-5）。这样的布置方式有利于提高工作人员的服务效率：一方面，护理人员可以一边从事后勤工作，一边照看到公共空间的老人；另一方面，在老人吃饭、洗浴等需要人手较多的时间段，附近的工作人员可以实现相互间的协作，减轻工作压力。除此之外，集成式的布置方式在一定程度上提高了空间的利用效率，有利于节省建筑面积。

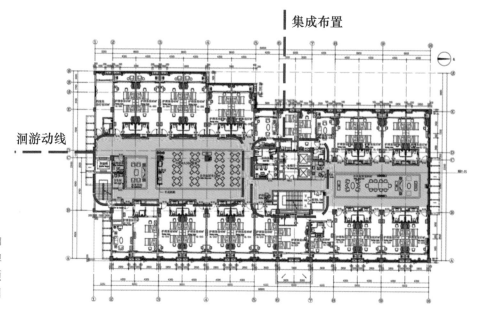

图 2-3-5 某知名养老服务品牌广州老年公寓项目标准层平面图

2.3.2.4 MC失智照护老人生活空间设计要点

1. 居住单元

通常在 MC 失智照护老人的生活组团中，从高效运营管理角度出发，一般设计 8 ～ 12 床为一个居住单元，重度失智老人的居住单元必须要封闭式管理。其中居住单元总数的 20% ～ 40% 为双人间，主要提供给老年夫妇或者希望合住的老人使用。在房间的空间尺度上，"小空间"是失智养老机构的一个特点，在"小空间"里，失智老人可以减少压力和焦虑，他们可以更加舒心的生活。

2. 动线设计

失智照护老人生活区的公共空间可以放在楼层的中部。公共空间如果能分成两个连接在一起的区最好，既可以分割又能够合并。分开的时候，能够开展一些相对私密一些的活动。失智老人居住楼层必须是洄游动线设计。

图 2-3-6 中所示的是某知名养老服务品牌广州老年公寓项目失智老人照护楼层的平面图，建筑围绕两个公共空间组织老人居室和辅助用房，形成两个彼此相连的环状空间。徘徊是失智老人较为普遍的行为特征，洄游动线中不存在断头路，老人只需顺着走廊的方向行进就不至于迷路，当洄游路径行经不同区域时，老人的方向认知将得到加强，他们会选择自己喜欢的场所驻足、观察，为产生对话和交流提供了可能性，这对延缓失智老人病情的发展有重要作用。

洄游动线对于失智照护有重要意义。对于失智老人而言，洄游动线能够满足他们在室内散步的需求。对于护理员而言，洄游动线能够加强设施平面各功能空间之间的联系，缩短工作距离，提高工作效率。

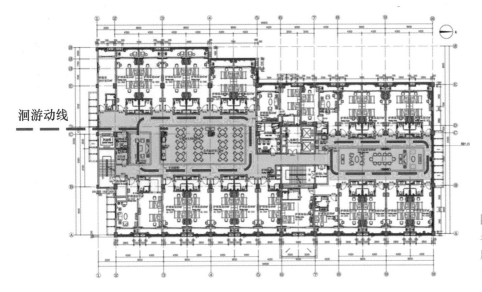

涧游动线

图 2-3-6　某知名养老服务品牌广州老年公寓项目失智层平面图

　　根据老年客户身体状况不同，在失智区域可以做一些区分，做出来轻度、中度、重度三个组团区的差异。除了重度区需要封闭式管理外，轻度及中度区需要在软装和布置上有所不同。

　　• 轻度失智区，从主题上注重：认知能力训练、体能训练、社会互动（儿童等志愿者活动主题，支持小组）。

　　• 中度失智区，从主题上注重：回忆疗法（图 2-3-7）、认可疗法、生活环境（跳蚤市场）模拟体验、宠物疗法、音乐疗法、园艺活动体验。

　　• 重度失智区，从主题上注重：感知觉刺激、安静平和的环境。建议在重度失智的楼层配置一个房间，30 平方米左右，保持灵活，必要的时候可以改成房间（图 2-3-8）。

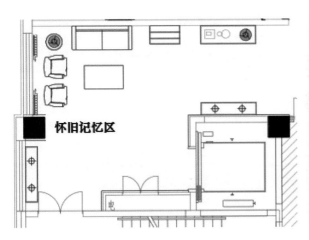

怀旧记忆区

图 2-3-7　回忆疗法空间

图 2-3-8 感知觉疗法空间

2.3.3 CC社区老年生活照料中心室内平面功能规划设计

2.3.3.1 室内平面功能分区设计

CC 型养老住区产品主要针对周边成熟居住社区的自理能力弱、需要照料的老人，在功能设计聚焦五大功能：日间照料功能、协助洗浴功能、康复护理功能、短期居住功能、居家养老服务功能（图 2-3-9）。

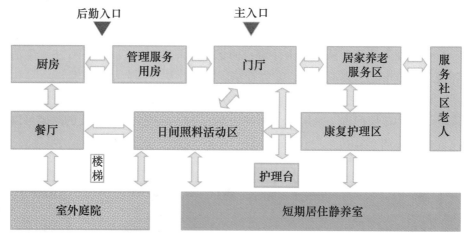

图 2-3-9 室内平面功能分区示意图

2.3.3.2 各功能空间设计要点

1. 日间照料功能区

日间照料功能区主要是为社区老人提供营养午餐及休闲娱乐功能，空间设计开敞，兼顾餐饮、娱乐活动、棋牌功能需要。

2. 康复护理功能区

康复护理功能区是为社区内不能完全自理、日常生活需要照料的 AL 协助护理老人、MC 轻度失智老人提供专业康复护理服务，方便老人就近通过持续性的康复训练，逐渐恢复身体机能，重建老人自理生活信心，专业的康复护理功能区具备以下内容：物理、作业治疗区，传统中医治疗区，康复评估区，情景模拟区等专业治疗区域。

3. 协助洗浴区

协助洗浴区是主要的功能区之一，它为那些在家中不能安全洗澡和需要看护洗浴的老人提供，老人根据个人爱好可以选择不同的洗浴形式。空间设计上完全考虑无障碍设计，内部设置有适合老人的坐式淋浴、带扶手的浴缸，协助洗浴区今后可能成为开展居家养老服务的特色，专门为那些有助浴需求的附近社区老人来使用。

4. 短住静养区

短住静养区主要是指日间活动老人的临时休息以及周边成熟社区内需要短期入住老人提供的客房区，也可以作为提供康复按摩等功能的房间。房间功能是以三星级以上酒店标准结合康复、适老功能要求进行空间尺度设计，必须配有独立卫生间及适老化设施，每个床边设置紧急报警系统。

5. 居家养老服务功能区

居家养老服务功能区的设计主要是为周边社区老人及居住单元提供居家养老护理服务、适老化装修改造服务及监护系统安装服务，功能区设计有样板展示区，方便老人更直观地参观体验感受。功能区还必须设置控制中心，随时通过监护系统显示大屏观察社区内老人的生活动态情况，以便发现老人有突发状况或服务需求时能及时、迅速地提供护理、急救等上门服务（图 2-3-10）。

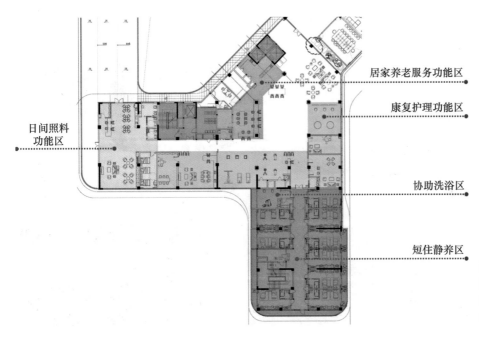

图 2-3-10　广东顺德某社区老人生活照料中心平面图

2.4 室内适老化装修风格设计

2.4.1 自然——美式田园风格

美式田园风格，倡导回归自然，在室内环境中力求表现悠闲、舒畅、自然的田园生活情趣，也常运用天然木、石、藤、竹等材料质朴的纹理，巧于设置室内绿化，创造自然、简朴、高雅的氛围。风格特点为格子窗、格子门，家具白色木色混搭，搭配铁艺元素，沙发选择复古长条沙发。从适老化角度出发，避免选择太花太古典的图案，墙面色彩不宜太过鲜艳，宜用米色、淡黄色、浅灰绿（图 2-4-1 ～图 2-4-4）。

适用于：CLRC、CB 型养老住区产品。

图 2-4-1 美式
田园风格

图 2-4-2　美式
田园风格——
空间感

图 2-4-3　美式
田园风格——
氛围、色调

图 2-4-4　美式
田园风格——
家具配饰

2.4.2　简约——现代东方风格

现代东方风格是指用现代主义空间造型手法来表达东方文化氛围的室内装修风格，沉稳大方而不失品味，通过提炼并抽象化的中式元素运用沉淀出中国传统文化的意境，在中国文化传统根基深厚的区域非常受老人的欢迎

（图 2-4-5、图 2-4-6）。

适用于：CLRC、CB 型养老住区产品。

图 2-4-5 现代
东方风格——
空间感

图 2-4-6 现代
东方风格——
氛围、色调

2.4.3 休闲——度假酒店风格

度假酒店风格是一种结合了东南亚度假酒店休闲设计理念，与"候鸟式"养老旅居生活方式的设计风格，特点体现在广泛地运用木材和其他的天然原材料，如藤条、竹子、石材、青铜和黄铜，深木色的家具，局部采用一些金属色的壁纸、丝绸质感的布料。通过灯光的变化体现东方禅意式的心灵放松感，为老人营造休闲的度假环境，让他们感受家一样的温暖（图 2-4-7 ～图 2-4-10）。

适用于：CLRC 型养老住区产品。

图 2-4-7　休闲
——度假酒店
风格

图 2-4-8　度假
酒店风格——
空间感

图 2-4-9　度假
酒店风格——
氛围、色调

图 2-4-10　度假
酒店风格——家
具配饰

2.4.4　舒适——北欧风格

北欧风格是指欧洲北部国家挪威、丹麦、瑞典、芬兰及冰岛等国的艺术
设计风格（主要指室内设计以及工业产品设计）。北欧风格简洁实用，体现
对传统的尊重，对自然材料的欣赏，以及力求在形式和功能上的统一。在
室内空间的顶、墙、地三个面，完全不用纹样和图案装饰，只用线条、色块
来区分点缀。在建筑空间环境处理上，北欧风格一直强调室内要宽敞，而
且最好是内外通透，最大限度的引入自然采光；在选择材料上，木材可以
说是北欧式装修风格的"灵魂"，不仅健康环保，而且能很好地保证原始色
彩及质感；在色彩的选择上，北欧风格在色彩运用上偏向浅色（白色、米灰
色、浅木色）与清新的明黄色、浅绿色搭配，给人干净明朗和不杂乱的感觉
（图 2-4-11 ～图 2-4-13）。

适用于：CB、CC 型养老住区产品。

图 2-4-11　舒适
——北欧风格

图 2-4-12　舒适
——北欧风格

图 2-4-13　北欧
风格——氛围、
色调

2.5　室内适老化装修细节设计

2.5.1　适老化装修细节设计的原则

养老住区室内装修设计中最具重要性及独特性的内容就是室内空间的适老化装修细节设计（图 2-5-1），适老化设计涵盖了养老住区室内空间的各个方面，必须满足老年人生理需求及心理需求，注重人文关怀与人性化细节处理。由于老人的大部分伤害是由跌倒、滑倒所引起的，因此必须在老人居住的室内和室外部分考虑相应的适老化措施，在老人行动的时候（水平、垂直移动，移动姿势改变等行为）做出预防。使用轮椅的老人基本生活行为是吃饭、睡觉、洗漱、洗澡、排泄等，那么在其日常活动空间，主要是玄关、浴室、卫生间、餐厅、卧室、客厅及其他特定区域，在老人房间的设计里必须满足辅助器材的规格要求和使用特征。总结起来适老化装修细节设计的出发点主要有四个：

（1）老人在住区里居住生活的便利性。

（2）满足老人日常最基本的安全性。

（3）老人居住环境的健康性。

（4）整体生活空间的舒适性。

图 2-5-1　空间氛围图片

2.5.2　适老化装修细节的W、A、R设计系统

养老住区室内空间适老化装修细节设计可以参照某知名地产公司研发的
W、A、R设计系统作为参照标准来执行。

W、A、R分别是三个英语单词的首字母，含义分别为：

W——Well，意为"健康"；

A——Aging，意为"适老化"；

R——Renovation，意为"装修"；

Well Aging Renovation 即为"健康适老化装修"之意。

W.A.R体系是一个全新的健康适老化设计体系，一个专业性、综合性
非常强的体系，从设计的整体流程、方法、关注点对传统室内设计惯性思维
进行颠覆的一种体系。它包含了国际 WELL 健康建筑标准的主体内容但并不
囿于 WELL 标准，并以全装修专业角度对"健康室内空间"进行新的诠释。

2.5.3　国际WELL健康标准及七大体系

WELL 建筑评价标准是由涵盖了科学、项目实施及医疗卫生等多行业专
家经七年的研究与评审工作而形成的评价标准，是通过整合基于环境卫生、
行为因素、健康状况和人口风险等多方面因素的科学和医学文献发展而来。

WELL 完善了 LEED、绿色三星和 BREEAM 等绿色建筑评级系统，并
由绿色事业认证公司（GBCI）进行第三方认证。GBCI 作为 WELL 和 LEED

的官方认证机构，成功地整合了两个系统的认证与资质鉴定程序，以帮助项目组有效地达成环保与人类健康目标。

WELL 建筑健康标准是针对室内环境对人体的复杂影响，通过研究室内环境对人体 11 个健康系统的影响，制定了 7 个概念（图 2-5-2），包括空气、水、营养、光、健身、舒适、精神及百余项可量化的标准，对建筑进行评定。

图 2-5-2　WELL
健康标准

1. 空气

新鲜空气对人类的健康非常重要。空气污染是导致人类寿命减少的首要环境原因之一。雾霾、室内家装建材等污染物的散发、烹饪油烟均可能对健康造成负面影响，不洁净的室内空气更可能引发哮喘、过敏、心脑血管疾病等健康问题。清除污染源、良好的通风条件和采用空气过滤等技术是实现高品质室内空气的最有效手段。

WELL 标准在空气的标准方面提供了一个深入研究方法，为建筑在空气质量、通风状况、材料安全以及空气的监测与净化等方面提供了新的标准。

为了保证空气质量，WELL 对各种颗粒物、挥发物都制定了严格的标准，甚至也包括了地面以下部分的空气质量标准。保证室内空气质量不仅要注重室内空气状况，同时也包括室内的建筑装修材料、室内污染物以及室内湿度等方面。

在材料的选择上，包括室内油漆、涂料、地板、密封胶以及家具和装修等，都设定了一系列的标准和测试。通风系统则是标准中比较重要的一点。以空调的清洗为例，霉菌通常会生长在空调系统的冷却盘管之中，并会随之进入室内空气。如果水管坏损，或在厨房、卫生间等潮湿部位布置错误，霉菌也会出现在墙壁组件内。霉菌孢子可引起过敏反应和呼吸系统问题，在某些情况下也会导致严重后果。此功能需要使用紫外线照射设备（UVGI）来杀菌、管理冷却盘管，并检查空气处理系统之外的霉菌和细菌的影响。

湿度则是人体能够直接感受到的空气质量标准。极低的湿度与刺激人体皮肤、眼睛及黏膜的细菌雾化和持续性灰尘有关。与之相反的高空气湿度则与带来异味或引起敏感人群过敏的霉菌和微生物繁殖有关。这一特性需要建筑可以在相对湿度较低时进行加湿并在相对湿度较高时进行干燥。

2. 水

干净的饮用水是人体最佳健康状态的保证，饮用水污染是重要的公共卫生问题。许多饮用水含有具有潜在危害的生物、化学和矿物污染，水中溶解的重金属、消毒剂带来的副产品和有机污染物会引发各种健康问题，一些成分甚至会导致癌症。由于每种用途的饮用水对水质要求不同，使用相同的质量控制标准可能导致资源的浪费。

WELL 建筑评价标准要求既要保护资源又要提高人类不同用途饮用水的健康。因此，WELL 建筑评价标准要建立一个建筑物水质评估系统，通过该系统，水源可以根据不同用途进行过滤分配，并能定期进行测试确保用水质量，最终提供给大家标准的、安全的纯净用水。

3. 营养

营养对保持身体健康、控制体重和预防慢性疾病有着至关重要的作用。不良的饮食结构可能会引起肥胖、糖尿病、冠心病、癌症等健康问题。各种社会、经济、生理和环境因素会影响个人饮食行为，室内环境就是其中之一。WELL 在实施室内环境设计策略时，增加健康食品供应，帮助人们选择更加明智的饮食，以促进健康生活。WELL 建筑标准关于营养的部分旨在对新鲜、健康的食品供应提出要求，限制食物中不健康的成分含量，同时鼓励更好的饮食习惯和饮食文化。

4. 光

人对光很敏感，在不恰当的时间受到光照会影响人的日夜节律。为了保证人体的昼夜节律达到最佳同步状态，身体既需要光亮时期，也需要黑暗时期。包括太阳光和人工照明灯光在内的光都有助于日节律同化。不恰当的照明也可能造成视疲劳、头痛等健康问题。WELL 建筑标准关于光的部分旨在通过新型的照明标准，最大限度地减少破坏人体昼夜节律的现象，提供良好的视环境，提高睡眠质量和工作效率。

5. 健身

生命在于运动，定期锻炼对于保持最佳健康状态是非常必要的。WELL 标准鼓励使用楼梯，楼梯的设计要方便，另外标识要明确，对于楼梯要悬挂艺术品，设置背景音乐，有条件的话鼓励开窗，同时要关注室外活动和运动场所的设计。另外要注意铺道的便捷和优美，为 5% 的居户提供自行车，在活动场所附近配置可供引用的水。

6. 舒适

为了使室内环境最大限度地使人感到舒适 WELL 健康建筑标准将焦点集中于提升空间舒适度、听觉舒适度和热舒适度，从而为住户缓解压力、减少伤害，提升住户的幸福感。WELL 标准更多的关注公共区域的冷热舒适型，要配置带有辐射性的环境，对室内的噪声和味道进行控制，特别对室外噪声和室内设备进行隔音隔声处理，全面禁烟，有符合人体功能性的桌椅，各个空间要设置无障碍通道。

7. 精神

心理对人的整体健康和幸福感起着关键作用。然而，现代生活总是充满了各种各样的压力因素，使得人们情绪低落、抑郁，甚至自我感觉消极。基于此，WELL 建筑标准提倡通过美学与设计来愉悦、丰富人们的精神。WELL 标准要在设计上融入当地的文化和艺术文化，引进自然元素，对于室外绿化面积不能低于 25%，70% 植物要水灌，要配备一定比例的图书馆，还有宽度超过 9m 的空间净高不能低于 2.7m。

2.5.4　适老化装修设计细节的要点分析

适老化装修细节设计应该从高龄老人身体机能的变化及特征分析入手去展开，根据老人的特定需求进行适老化设计（图 2-5-3）。

高龄者身体机能的变化		
	身体机能的变化	特征
身体机能	●关节和骨头的萎缩、僵硬 ●筋力低下 ●运动神经迟钝 ●皮肤硬化	●抓力、握力的丧失 ●膝、脚趾不能上抬 ●容易摔倒、容易骨折 ●不能蹲、坐、站
生理机能	●中枢神经的老化 ●植物神经的老化 ●消化机能的老化 ●心肺机能的老化 ●内分泌机能的老化	●夜间惊醒、睡不踏实 ●便秘、排尿困难、尿频、尿失禁 ●容易食物中毒、容易引发药物副作用 ●高血压 ●起立性低血压
感觉机能	●感觉机能的低下	●容易跌倒、不能长时间保持姿势 ●模糊不清、重影、刺目
精神机能	●中枢神经的低下 ●思考力、判断力的低下 ●情绪不安定 ●环境适应力的低下 ●认知障碍、语言障碍	●夜间惊醒、睡不踏实 ●健忘 ●认知障碍 ●行动障碍

图 2-5-3　高龄者身体机能的变化

2.5.4.1　适老化空间的便利性设计

1. 户门入口

每家门口都有可识别入户小景观，每位老人可以根据自己的喜好放置自己喜欢的东西，方便找到自己的家。

老人房间的入户门宜采取外拉式设计，门洞宽度不宜小于1100mm，门开启侧应预留300mm空间，可采用子母门设计，方便老人进出。为方便轮椅老人观察猫眼，应增加低位猫眼。门锁采用密码、刷卡、机械三合一智能锁，便利性及安全性更高。

在户门附近设置置物平台，当老人拿许多东西时，需要弯腰将物品放下后，再腾出手找钥匙、开门，动作会急促、忙乱发生危险。为利于不同身高的人使用建议高度为850～900mm，其下可设置挂钩，买东西回来临时挂放一下。平台的边缘应光滑，可以为弧形，避免有棱角磕碰到老人（图2-5-4）。

护理房间可增加高位观察窗，方便护工照看老人，及时发现问题，但也考虑到老人不愿被"偷窥"的心理。因此，观察窗的面积可以适当减小，并提高高度。

2. 入口玄关

玄关设置一键断电总开关，老人经常出门会忘记关灯，这样的设计方便老人出门一键断电。

老年人运动系统退化，入户门附近设置换鞋软凳、起身扶手和储物柜。储藏柜的收纳井然有序，不管是放鞋、外套还是钥匙、雨伞等都方便拿取。保证其换鞋、起坐和出入时的安全、稳定。鞋柜与鞋凳要靠近布置，方便顺手、安全省心（图2-5-5）。

图2-5-4 户门入口示意图（左）

图2-5-5 门厅鞋柜示意图（右）

鞋凳购置需保证：

· 安全：边缘倒角，防止碰撞伤害；

· 支撑设计：两侧扶手为起身提供借力支撑；

· 人性化设计：坐式换鞋；

· Ⅰ形扶手：鞋凳旁应有竖向扶手供老人起立及落座时借力，扶手的安装要牢固，最好设在承重墙上；

· 扶手要具备安全性、舒适性特点：软质树脂，铝制芯管高安全性辅助扶手。

3. 写字台

根据老人的自理程度，在写字台周围增加适老化设施，比如护理老人应考虑拐杖安放处、起身暗扶手等。

4. 厨房操作台高度

根据老人身高，重新定义厨房高度：市面上正常比较认可的普遍柜台合适高度为"身高 ÷2 + 5 ~ 10cm"。假如台面低了容易增加弯腰时的负荷，台面高了一直站着烹饪容易产生肩膀疲劳的痛苦和感受。

厨房吊柜需安装可升降拉篮，内装升降轨道，更方便老人拿取物品，减少踮起脚时平衡不当的危险。

若为高龄人士（腿脚不便需使用轮椅的老人），操作台根据使用者腿部情况"高度＋18cm ＝约 73 ~ 85cm"左右。老人在厨房长时间适宜坐姿操作，使老人操作更安全、舒适。由于一般座椅及轮椅的坐面高度为 450mm，人腿所占的空间高度约为 200mm 左右，因而洗涤池、炉灶下部空档高度不宜小于 650mm，深度不小于 350mm。操作台应满足洗涤、烹饪、置物、备餐的需求。

一般住宅中，厨房吊柜下沿距地面完成面高度为 1600mm 左右，吊柜深度为 300 ~ 350mm。由于老年人肌肉力量下降，因此拿取重物、高物等活动时均会出现困难，加设中柜便于老人操作取物；中部柜高度区间一般在距地 1200 ~ 1600mm 的范围内（图 2-5-6）。柜下沿与操作台之间还可以留出空当摆放调味瓶，中部柜的深度在 200 ~ 250mm 之间为宜。

5. 厨房操作台布置

图 2-5-6　厨房操作台示意图

操作活动空间过小，不易于操作，过大容易造成设备分散，操作流线变长，影响操作的连续性，如发生危险也不利于老人依靠与抓扶。对于一般老人，两侧操作台之间的活动间距不宜小于900mm，对于轮椅老人，活动间距宜适当增加，保证轮椅回转空间（直径1500mm）；U形、L形操作台更适合轮椅老人使用，轮椅老人只需在90°之间微转，即可以完成在洗涤与烹饪之间的转换。

6. 抽拉龙头

抽拉式水龙头，泡沫出水方式不仅可以有效节水，而且可以极大化地提高洗污能力，对于水槽内部清洗更加方便，节水的同时减少操作负担（图2-5-7）。

图2-5-7　抽拉式水龙头示意图

7. 洗碗机

洗碗机在发达国家家庭占有率高达70%～80%，中国人饮食喜欢煎炒食物，且食物残留更黏稠，所需要的清洗强度更大，时间更久。

在父母传统的观念里，洗碗机用水量巨大，且清洗不到位，实则洗碗机的耗水大约为人工洗碗时的1/3，可有效减轻老年人劳动负担，同时兼具杀菌消毒的功能，使饮食更健康卫生（图2-5-8）。

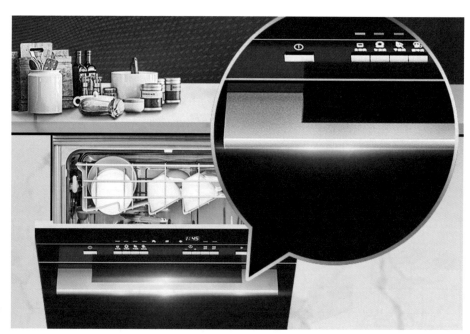

图2-5-8　洗碗机示意图

8. 无障碍洗漱台

首先，要确保洗漱台下方拥有足够的空间，而避免对膝盖和脚碰撞伤害；洗漱台的下沿高度可以设定为约 650mm 左右（图 2-5-9）。

台盆及水龙头的设计尺寸：

（1）水龙头把手容易接触的深度约 300mm 左右；

（2）接触到水流的深度约 300mm 左右（出水向外倾斜）；

（3）手插入的容纳空间需水龙头吐水高度在 100mm 以上。

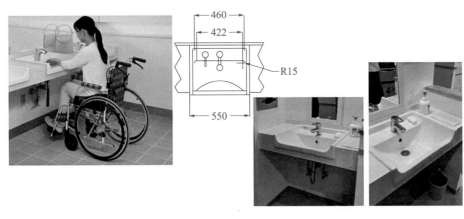

图 2-5-9　无障碍洗漱台示意图

9. 浴室柜空间

老人站立时，800mm 是洗漱台的舒适高度，可以减少腰部的负担，避免水从肘部滴落在地上，深度空间上需要达到 600mm，这样的空间站或坐都恰好。

10. 智能马桶

智能马桶盖的使用，中年人（40 ～ 49 岁的人群）占了消费用户中的 20%，智能马桶盖起源于美国，最早用于医疗和老年保健，最初设置有温水洗净功能。现在的智能马桶盖，包含了清水冲洗、自动烘干、垫圈加热、抗菌除臭等功能。比较适合患有肠胃疾病、便秘等患者。不仅能通过便圈加热，消除老人冬天如厕冰冷感，而且清洁卫生，更有利于健康。

11. 坐式淋浴器

专为老龄人或行动不便者设计的坐式淋浴器，能有效避免老人在爬进爬出浴缸时摔倒。雾浴蒸汽能在短时间内使全身体温提高，老人坐在座椅上便可轻松清洗到脚趾处。与浴缸相比，坐式淋浴器节约了约 1/3 的水量，尤其适合心脏病患者（浴缸内水压对心脏产生压迫的危害）（图 2-5-10）。

12. 淋浴间及恒温水龙头

淋浴间尺寸通常以宽 900 ～ 1200mm、长 1200 ～ 1500mm 为宜，为满足老人洗浴上肢活动幅度的要求，喷头距侧墙至少应为 450mm。

老人在进出淋浴间的过程中最易发生危险，需要持续扶手抓握。

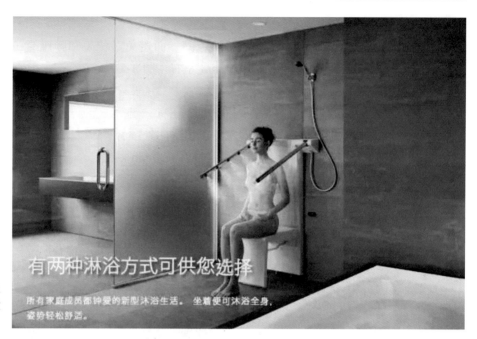

图 2-5-10 坐式淋浴器示意图

淋浴间有贴心的助浴扶手、助浴座椅设计，便于老人站姿冲淋时保持身体稳定，以及供老人转换站、坐姿时抓扶；老人坐在座椅上便可轻松完成清洗（图 2-5-11）。沐浴间和马桶边都设有扶手，起到稳定身形、防止跌倒、助力起身的作用。老年人对于温度变化和冷风较为敏感，尤其在洗浴时，需要保证适宜的室温。

在淋浴时经常会遇到这样的情况，冷热水混合使用过程中，水温一会儿变冷，一会儿变热，这是由于家人同时用水，引起冷热水的压力变化所引起的。冷水压力太大经常会把热水堵住或回流到热水管里，使燃气熄火。恒温龙头能够更好地控制水温，彻底解决水温忽冷忽热的现象，让老人在洗浴期间始终有一个舒适的水温感受。另外，冬天手持塑料花洒的手感更舒服，尤其针对怕冷的老人。

图 2-5-11 助浴扶手示意图

如果老人行动不便，可考虑拆除玻璃换成浴帘，这样老人即使坐着轮椅也能直接进入淋浴房洗浴。

淋浴间应采用双地漏排水，可以快速把污水排出，也避免了积水对老人造成滑倒的伤害。

13. 老人助浴

助浴椅 / 坐式淋浴器（站立淋浴较为辛苦，坐着淋浴，轻松自在），L形浴杆＋浴帘（改造带型地槽，加浴帘浴杆，避免水溅造成湿滑），如果做浴缸需放置浴缸护理用扶手或者移动式入浴椅、洗澡凳。

14. 衣柜及晾晒空间

适老化衣柜与市面上大部分衣柜不同，挂衣区在上，叠放区在下，挂杆可下拉，这样的设计节省了很多空间，也更加适合老人的操作。

阳台洗衣台高度需考虑老人身高问题，台面高度适合老人操作，并设置洗衣伴侣和储物柜。

安装电动风干消毒可升降晾衣架（图 2-5-12）。电动的操作更加便捷，只要按下遥控，就会自动升降，避免仰头挂衣物增加腰背部压力。

图 2-5-12　可升降晾衣架示意图

15. 扫地机器人

老人年纪大了，干点活容易腰酸背痛，若指导得当（父母学会使用），扫地机器人能给老人提供相当大的便利（膝关节与腰部保护）（图 2-5-13）。

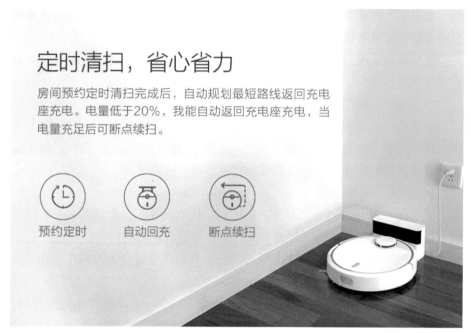

定时清扫，省心省力

房间预约定时清扫完成后，自动规划最短路线返回充电座充电。电量低于20%，我能自动返回充电座充电，当电量充足后可断点续扫。

预约定时　　　自动回充　　　断点续扫

图 2-5-13　扫地机器人示意图

2.5.4.2　适老化空间的安全性设计

老人因为行动不便、视力不好、腿脚不灵活等影响，动作及反应能力大大下降，易发生危险。老年住宅应多在安全防护上下功夫，让老人生活安全是相当有必要的。

1. 电器、插座及开关位置

插座及开关的位置应考虑轮椅老人的伸手触及的高度和自理站立老人伸手触及的高度，不宜过低（图 2-5-14）。

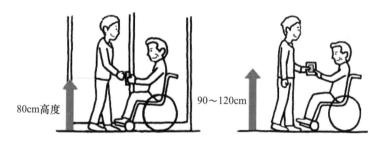

80cm高度　　　　　90～120cm

图 2-5-14　插座及开关高度示意图

2. 过道、扶手

假如选择圆形扶手，最人性化的直径为 35mm，扶手直径太宽难以把握，相反直径太细给人不安的感觉，根据调查采样评价结果，圆形扶手以 35mm 为最适宜设计。

走廊至少须有一侧设置扶手（图 2-5-15）。

在卫生间里，需要安装一个从浴缸里进出支撑的扶手，在卫生间门口需要安装扶手。老人使用的坐便器旁边应设 L 形扶手。扶手的水平部分距地面 650 ～ 700mm 左右；竖直部分距坐便器前沿约 250mm，上端不低于 1400mm。

在厕所里，安装的扶手需要能手持站立，坐姿起立支撑等。

在走廊（楼梯应为其突出部边缘位置）的扶手应安装在距离地板 850mm 高度的地方。

卧室、卫生间等处安装的竖向扶手高端应在 1400mm 以上，低端应在 700mm 左右。

水平扶手应尽量采取 L 形形状，扶手内侧距墙面距离应大于 40mm；材质应为树脂或木材质，扶手宜采用圆形，端部向下方或墙壁方向弯曲，不应和其他房间产生亮度差（图 2-5-16）。

图 2-5-15　扶手示意图

图 2-5-16　扶手示意图

3. 无障碍地面

消除地面高差，户内各个空间门槛条要消除内外微高差，避免对老人通行造成不便。

4. 防滑地砖、地板

厨房及卫生间有水的地方需要防滑材质的地砖或地板，另外抗污也是一方面，易清洁相当重要（减少打扫负担）。地板的选择：环保、防滑（尤其不要打蜡的类型）、质软（避免硬度过高，摔倒受伤）、隔声（避免打扰老伴）、地暖功能、耐划痕（比如轮椅滚动）等。

5. 家具与尺度

家具适当小型化、轻质化，造型及功能设计可考虑灵活布置，使得家具的体积和重量满足老人按自身需要随意变动其位置的要求，且不同的布置均不影响家具的正常使用；采用专为老人设计的适老化家具，桌角圆弧化处理，防止磕伤；沙发扶手的凹槽方便放置拐杖。

避免高空收纳，避免凳子过矮且没有扶手。椅子或沙发要稳固，座面高度以老年人上身与大腿能呈垂直角度为宜，座面若过深，建议放坐垫来改善。另外，要有椅背与扶手，以协助老人起身。家具边缘要加装防护垫，防止老年人碰撞到突出硬角或尖锐边缘。

成品家具必须使用紧固件固定，避免家具倾倒发生意外。家具的摆放应靠墙有序摆放，避免视力不佳的老人发生磕碰或摔倒的意外。客厅的沙发一侧，预留出可供轮椅摆放的空间，至少保证在 800mm×1200mm。

餐桌最好短边靠墙或餐桌居中摆放，顾及老人行动不便，老人就座位置在厨房的对面，避免和端菜线路重合发生意外。

家具颜色使用对比色，照顾视力不佳的老人或在昏暗的光线下使用。

6. 卧室及夜间照明

智能吸顶灯有几个特点：防眩光、小夜灯功能、遥控器控制、寿命较长（避免爬高）。

小夜灯（夜间照明灯）：老人夜起时避免深夜走廊或客厅黑暗（包括增加扶手）。

7. 浴室安全

直接进入浴室时，开门尺寸需 750mm 以上；当进入需迂回时，门开尺寸至少 800mm 以上（洗浴过道容身处亦大于 800mm）；进入浴室路上应没有障碍（图 2-5-17）。

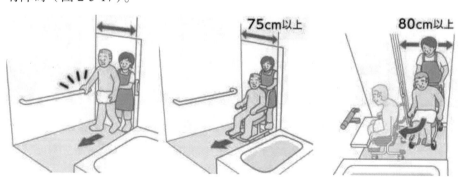

图 2-5-17　开门尺寸示意图

进入处需有可直接抓取的扶手（或改成移门）。

淋浴空间宽度至少设定在 800mm 以上，这样才能容纳轮椅或者淋浴椅所需的空间；当老人需要介护者从后面帮忙洗浴的时候，所需宽度需控制在

1m 以上，深度需在 1.6m 以上（图 2-5-18）。

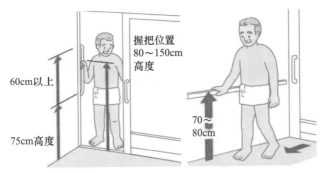

图 2-5-18 开门尺寸示意图

浴缸内外安置防滑垫，以防老人滑倒、摔倒（图 2-5-19）。

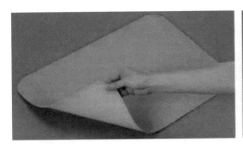
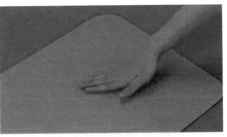

在浴缸内起身时，水平方向上有很大的力在。

一只脚在内，一只脚在地时，重心不稳，最易摔倒

图 2-5-19 防滑垫示意图

设置淋浴区扶手、淋浴座椅以及浴缸内防滑小凳，避免老龄人坐下去难起身（图 2-5-20）。

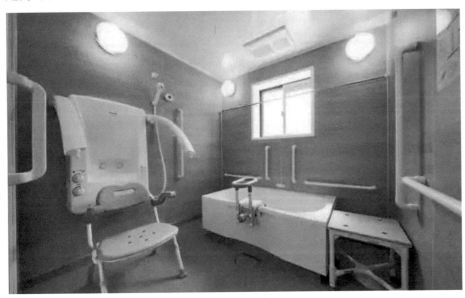

图 2-5-20 淋浴区示意图（一）

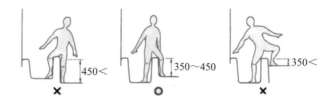

图 2-5-20 淋浴区示意图（二）

传统的浴缸常见的深度大约 60～65cm。如果在固定的地面上，进入浴缸有很高的横跨高度，随着年龄的增加很容易打破身体的平衡，当进出抬起脚达到腰高，则会增加老人跌倒的风险。从地面到浴缸边缘的高度为350～450mm 是最容易出入的，浴缸的深度约 500mm 左右。

急剧的温度变化会刺激到老人的心脏，这是国内少有预计的。寒冷的冬季，由于室内外温度急剧变化，容易引发热休克现象，血管显著伸缩，血压和脉搏大幅变动，容易有脑梗死和脑溢血等危险状况出现。特别是浴室、卫生间、更衣室等地。

选择地暖和暖风机等预先提温，可以使起居室和浴室的温度差消除，这是非常重要的（图 2-5-21）。

图 2-5-21 地暖、风暖示意图

8. 厕所安全

老人的如厕时间较长，久坐会使得腿脚无力，马桶旁边的扶手不仅给老人心理上的安全感，更可以使老人在站立时省很多力。

大家都知道起身的时候，手部力气需要支撑整个身体，而由顺手处的扶手拉的过程则省力许多（可以自己做个试验），所以扶手的位置应设定在离马桶 15～30mm 的墙壁上（图 2-5-22）。

传统马桶较低，老人站立起较费力，所以可以用辅高坐垫来增加 50mm马桶的高度，另外马桶两侧的把手使得老人如厕时有支力点。

厕纸的位置同样重要。厕纸如果离身体太近，则需要身体扭转向一侧；厕纸如果离身体太远，身体需要前倾去才能碰触，易发生摔倒（图 2-5-23）。

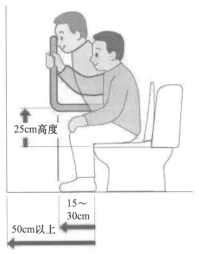

25cm高度

15～
30cm

50cm以上

图 2-5-22　扶手
位置示意图

图 2-5-23　卫生
间区域功能示
意图

9. 厨房安全

安全炊具：如果使用燃气器具，最好带有安全装置可以免于忘记关闭火时
的危险。选择一款好的电磁炉，脱离可能明火造成的危险（另外，老人在面临
失火的情况下，应急能力不比年轻人），没有煤气泄漏等潜在危险（图 2-5-24）。

图 2-5-24　厨房
区域示意图

橱柜五金：厨房吊柜推荐使用升降类五金，减少踮起脚时平衡不当的危险（避免爬高），收纳应满足老人方便拿取的设计（图 2-5-25）。

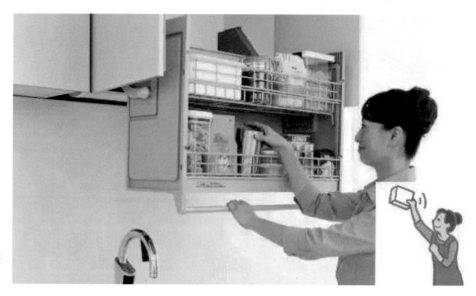

图 2-5-25 厨房区域示意图

2.5.4.3 适老化空间的健康性设计

1. 床（睡眠）

首先，床的高度不能太高或太低，以 400～500mm 为宜，便于老人上下床；若有使用轮椅的老年人，床面高度则需要与轮椅坐面高度齐平。其次，床垫不易过软，以免老年人起身困难。另外，还可以在床边设置扶手，便于老人起身时借力。

床头设置紧急报警网络，以便发生危险后，老人触手可及，家人能够及时察觉与救助，设置适合老人的、软硬适中的床与床边扶手。

床下放感应床垫（能监测呼吸、心率，如果夜里有一段时间监测不到生命体征，能够及时提醒住户，查看老人是否有坠床等意外发生）。

床头柜高度应与老人的自理程度相连，自理老人床头柜高度应高于常规床头柜，使得老人移动的时候便于撑扶；护理老人床头柜高度应与护理床同高，便于卧床老人拿取物品（图 2-5-26）。

2. 湿度

室内湿度是在生活中易察觉但是不易被重视的部分，老人对室内湿度的变化尤其敏感，胸闷、皮肤瘙痒或易感冒等症状都是由于长期的室内湿度环境不当引起的。

过湿：湿度 70% 以上（梅雨），室内环境潮湿闷热，真菌发生（异味来源与真菌感染），螨虫滋生等。

过干燥：湿度 40% 以下（冬），室内窗户结露，空气混浊，流感易发生，皮肤干燥（缺水）、静电发生等。

图 2-5-26 休息区家具示意图

调湿是指控制空气中的水分比例，四季最适宜的湿度应当保持在50%～70%。我们通常会使用除湿器或加湿器来对夏冬季节做出对策，但是相对的弊端也会出现，比如冬季加湿器不宜过多（室内环境温暖，更容易细菌繁殖，对呼吸道影响很大）。

3. 地暖

在有老人的家庭，地暖是推荐的。冬天时冷空气是在膝盖以下的，对比热风往下加热的方式，安全地暖的舒适度是最好的。

· 地暖通过从脚以下部分发热，能够源源不断地温暖到腰部以上
· 不需要燃烧即可取暖，无气味、无风
· 最为适宜的远红外线辐射，空气不易干燥，减少对皮肤和咽喉的伤害
· 由地板发热，不占用收纳空间
· 主流的是水暖和电热暖：两者差别不大，水暖可以多房间使用，范围广，成本低；电热的则适合快速加热的小房间，多间成本较高。另外还有一些蓄热的类型等。

4. 空调及新风系统

空调采用盘管式分体机，既美观又节省空间，独特的可换新风设计，保证空气时刻清新，而且运行的时候很安静，不会影响到睡眠。

新风系统可彻底去除室内有毒有害气体，并且对室外送进来的空气进行高效过滤净化，把大颗粒灰尘，细菌以及 PM2.5 等有害物质过滤，让老人呼吸到干净清新的空气（图 2-5-27～图 2-5-29）。

5. 净水系统

厨房安装净水系统，经过多层过滤，保证每一滴水的精度净化，呵护老人健康（图 2-5-30）。

住宅新风系统方案 ▼

图 2-5-27 新风系统示意图

系统特点

■ **高效新风换气**
新风送入每间卧室、客厅，回风由客厅、走廊等公共区域排出，气流组织达到最佳，保证每个房间空气的洁净新鲜。

■ **人性化的舒适控制**
系统可根据人体舒适性需求进行设定，自动调节：如根据室内 CO/CO_2 浓度，有害化学气体浓度状况自动调节引入新风量，使室内空气品质始终保持最佳状态。

■ **绿色节能**
系统通过智能化控制系统自动调节引入新风量优化空调能耗；全热交换系列新风系统还可以通过高效热回收达到节能效果，可节约空调能耗20%以上。

■ **温度调节**
无论是在寒冷干燥的冬季还是在潮湿闷热的夏季，我们都可以提供湿度调节功能，以改善室内微循环，提高健康家居品质。

■ **系统可扩展**
系统可方便灵活进行系统功能的追加与扩展：从最简单的平衡式送排风系统，到包含湿度、空气品质调节、新风净化功能的智能化系统，只需追加扩展模块，无需改动整体结构。

中央新风系统
+
能量回收
+
空气净化
+
湿度调节
+
智能控制
=
智能健康家居系统

图 2-5-28 新风系统示意图

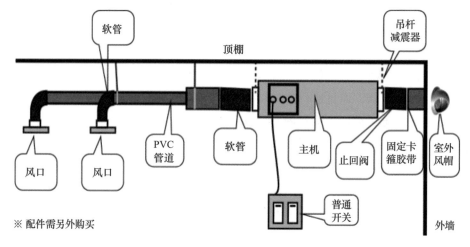

图 2-5-29 新风系统示意图

※ 配件需另外购买

超滤技术为核心的全屋净水解决方案

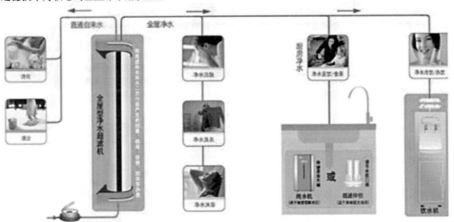

户型比较小，没有设备间，还能不能装饮水机？
户型较小的家庭，建议使用中小型机器，一般可安装在厨房，最理想的位置就是橱柜的柜体内。
这也是中小户型目前最普遍的安装方案。

图 2-5-30　净水系统示意图

6. 空气清洁壁纸

TF-V 三重净化技术：

在原材料中添加了 TF 金属盐与氮素化合物，可吸附空气中的醛类及其他异味物质，并将其催化分解成水分子与二氧化碳，最终实现净化空气的作用。因为 TF-V 金属盐与氮素化合物只起催化作用，所以完成"吸附、分解"之后，TF-V 分子本身不会发生改变，其净化空气的功能可以循环再生（图 2-5-31）。

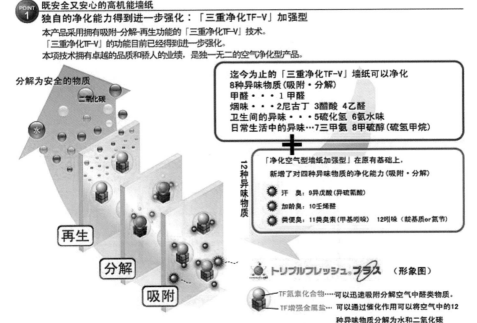

图 2-5-31　空气清洁壁纸的净化过程解析（一）

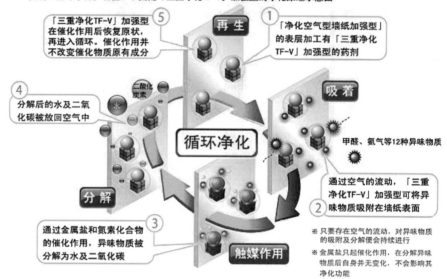

图 2-5-31 空气清洁壁纸的净化过程解析（二）

7. 环保墙地砖

调湿功能见图 2-5-32。

图 2-5-32 环保墙地砖——调温功能

调整室内湿度、保持舒适状态。

防止霉菌·螨虫的繁殖，见图 2-5-33。

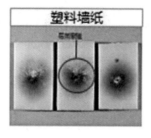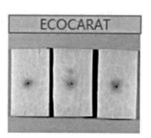

图 2-5-33 环保墙地砖——抑制霉菌、螨虫的繁殖

把室内湿度调整在 40% ～ 70% 之间，有效抑制霉菌，螨虫的繁殖。

病态住宅对策·减少 VOC

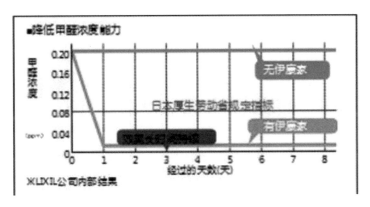

图 2-5-34　环保墙地砖——吸收、降低甲醛等 VOC 浓度

调吸收、降低甲醛等 VOC 浓度。

吸收·减少异味

图 2-5-35　环保墙地砖——除臭功能

吸收生活异味，有卓越的除臭功能。

厕所——阿莫尼亚，宠物——甲硫醇，含水垃圾——三甲胺。

8. 隔声门窗

建筑外窗应选用隔声性能好的，可抑制车辆以及室外的噪声侵入（图 2-5-36）。

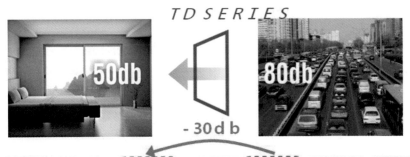

图 2-5-36　隔声性能示意图

2.5.4.4 适老化空间的舒适性设计

1. 空间风格的舒适性

养老住区空间的大堂及公共区域宜营造酒店会所般的典雅尊贵气息，以地域特色的文化软装做点缀，诠释空间的温馨、舒适氛围。

户内空间应该表现悠闲、舒畅、自然的生活情趣，充满家庭的氛围，色系偏暖，造型风格简洁、色调淡雅，给人以舒适又不失温馨的感觉（图2-5-37）。

老人的活动空间不是简单的堆砌和平淡的摆放，一定要既美观实用又注重生活品位。通过外在形式唤起老人们的审美感受，满足老人们的审美需要。

图2-5-37 空间氛围图片

2. 空间色调、灯光的宜居性

颜色不仅能提升空间效果，还能改变人的心情和生理状态，从颜色的角度创造空间的舒适感。

根据颜色的不同，老人在房间的感官和心情得以变化。在空间设计中应最大限度地利用颜色效果，来创造老人舒适的住宅环境。老人房间内色彩不宜过多，宜使用温馨的色调做为主色调设计，顶棚宜采用白色调设计。墙壁宜以乳白、淡绿、淡橙等浅色调为主基色，地板颜色应以厚重过墙壁色彩的纯色块为主，不宜采取多色组合（图2-5-38、图2-5-39）。

随着年龄的增长，老人视力会逐渐减弱。因此，年轻人觉得合适的光亮，对于老人是觉得暗的，相比于年轻人，老人居住空间更需要增强照明的亮度。例如，看报纸，或者写作的时候，可以多使用辅助照明，如支架灯来为老年人提供良好照明。

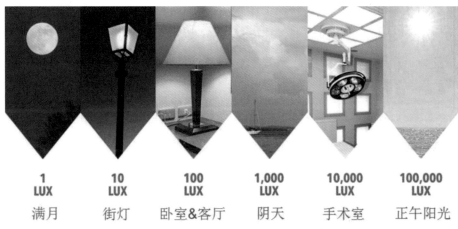

1 LUX	10 LUX	100 LUX	1,000 LUX	10,000 LUX	100,000 LUX
满月	街灯	卧室&客厅	阴天	手术室	正午阳光

图 2-5-38　空间色调示意图

图 2-5-39　空间色调示意图

下一章我们将通过空间照明设计原理来详细论述适老化照明设计要素。

2.6　室内适老化装修材料的设计和选择

装修材料是实现建筑室内空间色调、氛围美学的物质基础，通过不同装修材料的不同特性、质感、色彩和图案的搭配使用，使室内空间形成舒适、美观的生活环境氛围。适老化的室内装修材料应在满足国家环保、消防设计标准及规范的前提下体现适老性、安全性、美观性。在养老住区产品室内全装修设计中，由于针对的客户都是老年群体，其装修材料的选择有其自身的设计原则。

2.6.1　适老化装修材料设计的三大原则

安全环保、经济耐用、舒适温馨，是养老住区装修材料选择的三大原则，此三大原则在材料设计和选择过程中是依次递进的关系。

1. 安全环保

安全性是适老化材料设计选择的首要也是最基本的标准，安全性除应满足《建筑设计防火规范》GB 50016—2014（2018 版）及《建筑内部装修设计防火规范》GB 50222—2017 的规定外，避免材料携带、挥发有毒物质，也是一种特殊性的安全考虑。在《建筑内部装修设计防火规范》GB 50222—2017 的规定中，对建筑内部各部位材料的燃烧性能等级进行了详细的规定，在材料选择时应严格遵守（表 2-6-1）。而在《老年人照料设施建筑设计标准》JGJ 450—2018 中，对老年人照料设施室内环境污染物浓度限值进行了规定，这就要求进行适老化装修材料设计时，应尽量选用天然、环保的材料（表 2-6-2），从运营的角度出发，在装修材料的设计选择过程中，一定要尊重老人的生理特点及生活习惯，选择的装修材料必须有助于保障老人日常起居生活的安全，防范危险发生。

老年人照料设施各部位装修材料燃烧性能等级　　表 2-6-1

建筑物及场所	建筑分类	顶棚	墙面	地面	隔断	固定家具	装饰织物			其他装修装饰材料
							窗帘	床罩	家具包布	
养老院	单、多层	A	A	B1	B1	B2	B1	—	—	B2
	高层	A	A	B1	B1	B2	B1	B2	B2	B1

注：在养老住区建筑内部安装了自动灭火系统或同时安装了自动报警和自动灭火系统时，表上材料的燃烧性能等级可按规范要求相应降低一级。

老年人照料设施室内环境污染物浓度限值　　表 2-6-2

污染物名称（单位）	浓度限量
氡（Bq/m³）	≤ 200
游离甲醛（mg/m³）	≤ 0.08
苯（mg/m³）	≤ 0.09
氨（mg/m³）	≤ 0.2
TVOC（mg/m³）	≤ 0.5

2. 经济耐用

适老化装修材料的经济耐用性，应从"长期运营经济性"考虑，既满足经营上的耐用性原则，又具备高性价比。从我们考察的实际案例分析得出：尽量采用久经市场考验的成熟材料，成本及质量容易把控。

3. 温馨舒适

适老化装修材料在满足功能的基础上，还需以人文关怀的角度，考虑材料的材质和色彩对空间营造的效果，符合养老住区所在地域相应的装饰风格和老人的审美偏好。

2.6.2　不同功能区域装修材料的选择要点

在适老化装修材料的设计和选择时，按照老人在室内的活动空间特性，主要分为公共区、功能活动区、居室和潮湿有水的房间，四类空间按照不同的使用功能，材料设计选择的聚焦点也不一样，应根据适老化空间不同的使用功能，设计选用相应的材料。而不同使用功能的区域相对应的顶棚、墙面、地面三部分，也需要按照使用功能的不同选用相应的材料。

1. 公共区域

大堂、电梯厅等公共区域人流比较大，有老人家属经常探访，老人停留时间相对比较短的区域，顶棚采用石膏板、复合金属板等装饰效果比较好、质量稳定的成熟产品；墙面可采用大面积环保涂料、壁纸、环保木饰面配以小面积的大理石等，而地面，则宜采用整体水磨石、高品质大理石等耐久性强、艺术效果好的材料，体现空间的高雅品质。

2. 功能活动区域

功能活动区是楼层内部老人的日常活动空间，老人在这类空间交流、用餐、活动、学习，是除了居室外逗留时间最长的空间。这个空间为了避免嘈杂，需要具备一定的吸声功能，吸声石膏板、矿棉板等吸声顶棚材料在这个空间就是比较好的选择。而墙面则需要具备不易积垢、难污染等特性，乳胶漆和木饰面是比较好的选择。由于老人经常在这个区域活动，在这个空间摔倒的可能性比较高，地面材料的选择除了应该防滑外，对摔倒的老人也应有一定的保护作用，而 PVC 地板颜色丰富、整体性好、有一定的弹性（表 2-6-3 ），相对于传统的木地板、地砖，是这类空间的首选装修材料。

PVC 地板对比瓷砖、石材和木地板的具体优势对比　　　　表 2-6-3

特点对比	PVC 地板	地　砖	木　地　板
防滑性	遇水更涩，优良	遇水较滑	遇水较滑
降低噪声性	PVC 材质柔软，降噪优良	硬质材料，降噪较差	木质材质，降噪良好
环保性能	无甲醛释放	有辐射	有甲醛释放
柔软性	材质柔软，摔倒不易造成伤害	硬质，摔倒易造成伤害	软度适中，摔倒造成伤害适中
抗菌性	材料抗菌，且平铺密拼或焊接，抗菌性能优良	拼缝易于细菌繁殖	接缝及地板下易于细菌繁殖
防水性	遇水不变形	遇水不变形	遇水易变形
耐磨性	53000 转	10000 转以上	10000 转 - 强化地板
防火阻燃性	难燃 Bfl	不燃	可燃
防潮性	潮湿不变形	潮湿不变形	潮湿易变形
抗冲击性	有很好弹性缓冲	冲击力大	冲击力适中
保养方便性	保养方便	保养方便	保养难度适中

3. 居室

作为老人的起居、休息空间，材料类型的选择可以跟功能活动区域一致，但在颜色、图案等方面偏向于温馨舒适一些。

4. 潮湿有水的房间

潮湿有水的房间包括公共卫生间、协助洗浴室和居室内的卫生间等区域，这些空间需要经常清洗和消毒，所以顶棚材料应具备牢固、耐用、难污染、易清洗和防结露，防水、防潮石膏板及金属板、铝扣板就是比较好的选择。墙面材料应该具备不吸水、不吸污、耐腐蚀和易清洗的特性，可以选用瓷砖、抛光砖等材料。老年人随着年龄的增长，机体组织和相关功能会发生衰退现象，视力、行动力及各器官的协调能力都会降低，老人在行走的过程中极易发生摔倒现象，潮湿有水的房间更是老人摔倒的"重灾区"，其材料的选择除了要具备易清洗、不渗水、耐腐蚀、不易积垢等特性外，防滑性能是这类空间选材的重中之重，其材料的选用需严格执行《老年人照料设施建筑设计标准》JGJ 450—2018 版规范对潮湿地面工程防滑性能的要求（表 2-6-4），质量好的防水 PVC 地板是首选，其次为防滑地砖。

室外及室内潮湿地面工程防滑性能要求 表 2-6-4

主 要 用 途	防滑等级	防滑安全程度	防滑值 BPN
无障碍通行设施的地面	A_w	高	BPN $\geqslant$ 80
无障碍地面设施及无障碍通用场所的地面	B_w	中高	80 $>$ BPN $\geqslant$ 60

第3章
养老住区室内照明设计

3.1 老年人特征及其对室内照明环境的需求

3.1.1 老年人的心理及生理变化

老年人心理及生理的变化见图 3-1-1。

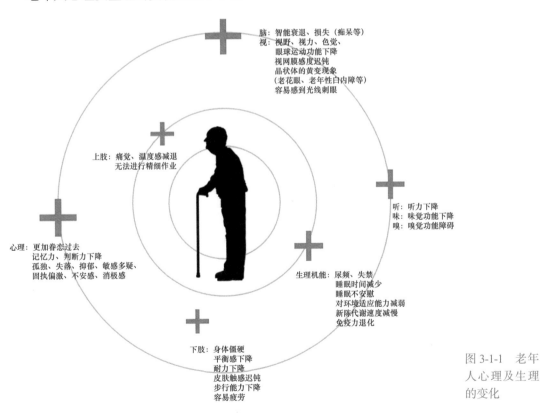

脑：智能衰退、损失（痴呆等）
视：视野、视力、色觉、
眼球运动功能下降
视网膜感度迟钝
晶状体的黄变现象
（老花眼、老年性白内障等）
容易感到光线刺眼

上肢：痛觉、温度感减退
无法进行精细作业

听：听力下降
味：味觉功能下降
嗅：嗅觉功能障碍

心理：更加眷恋过去
记忆力、判断力下降
孤独、失落、抑郁、敏感多疑、
固执偏激、不安感、消极感

生理机能：尿频、失禁
睡眠时间减少
睡眠不安慰
对环境适应能力减弱
新陈代谢速度减慢
免疫力退化

下肢：身体僵硬
平衡感下降
耐力下降
皮肤触感迟钝
步行能力下降
容易疲劳

图 3-1-1 老年人心理及生理的变化

3.2 老年人视觉变化

3.2.1 老年人眼部结构组织的改变

眼睛的结构见图 3-2。

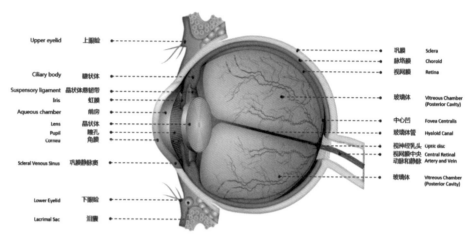

图 3-2 眼睛的结构

3.2.1.1 角膜的改变

随着年龄的不断增长，眼角膜的厚度也随之生长，角膜的直径变小呈扁平（曲率半径增大）趋势，弯曲度也不一致，致使老年人屈光力发生变化，这是导致老年人远视的原因之一。角膜内皮细胞厚度的增加更易于引起光线的散射，这也是造成老年人眼睛散光和视像模糊的一个原因。同时角膜的知觉敏感性也随着年龄的增长而减退，对机械刺激的敏感性降低。

3.2.1.2 瞳孔变小对光反应灵敏度下降

瞳孔的大小在不同的年龄是有差异的。出生一年内，因瞳孔放大肌未发育完全，瞳孔较小，即使使用散瞳剂也难以放大。青春期的瞳孔最大，进入老年期瞳孔呈进行性缩小，即使在暗处，瞳孔的散大也不如青年人明显，这是由于睫状肌的老化，瞳孔的大小适应光的变化能力减弱所致。75 岁的老年人，只能达到 20 岁的 12%，80 岁老年人的瞳孔在白天与夜晚的光反应灵敏度几乎接近于零。高龄者瞳孔直径在 20 岁时有 7.5mm，而到 85 岁时仅有 4.8mm。瞳孔缩小，对光反应灵敏度下降，调节进入眼睛中的光线的能力也降低。瞳孔对光照环境变化的适应能力也随着年龄的增长而降低，在 80 岁时几乎完全丧失，这就意味着高龄者在较低的光环境中面临着更突出的视觉问题。我们可以从（表 3-2-1）中看出瞳孔的大小随着年龄的增长，在白天和夜晚是如何收缩的。

表 3-2-1

年龄（岁）	白天（mm）	夜晚（mm）	变化（mm）
20	4.7	8.0	3.3
30	4.3	7.0	2.7
40	3.9	6.0	2.1
50	3.5	5.0	1.5
60	3.1	4.1	1.0
70	2.7	3.2	0.5
80	2.3	2.5	0.2

3.2.1.3　晶状体的透光能力减弱

晶状体透光能力的减弱与调节能力的下降使得晶状体对光的折射变得不均匀。晶状体是双凸的透明体，其纤维呈终生不断生长的态势，越靠近中央的部分越老，失去弹性，变硬，这就是老年人老花眼的原因。晶状体继续变浑浊，不透明，就形成了 80 岁以上的老年人大多患有的"白内障"眼病。

随着年龄的增长，晶状体色泽变深，呈黄色或琥珀色，成为短波光的过滤器，当蓝色和绿色光谱被过滤后，传递到视网膜部分光的总量减少了，致使大脑识别蓝色和绿色的能力也随之下降，使老年人对蓝色和绿色的事物辨别能力变差，对于相对的颜色（如褐色、深蓝色、黑色、粉红色、黄色、粉蓝色）分辨能力几乎为零，这就是老年人的"夜盲"现象。

3.2.1.4　玻璃体结构的改变

老年期由于透明质酸酶及胶原发生改变，蛋白质发生分解，纤维发生断裂而导致玻璃体液化，80 岁左右的老年人的玻璃体会有 50% 的液化症状，虽然液化本身不会导致失明，但会导致玻璃体脱离，直接影响了眼睛的调节作用，从而引发进一步的疾病。

3.2.1.5　视网膜的改变

视网膜是视觉活动中最重要的组成部分之一。老年人的视网膜组织结构发生变化，主要表现在：眼底血管硬化、脉络膜变厚，整个视网膜变薄、光感受器和视网膜神经元数量变少，眼底视网膜感光细胞减少，能进入眼睛光感受器的光减少，所以视力或视功能会有所下降；黄斑部中心凹视锥细胞减少，双极细胞及神经节细胞逐渐减少，并出现色素上皮的色素脱失，外周部分出现萎缩，视网膜黄斑区散布小黄点，因而视网膜的防护功能及视觉功能开始衰老，所以视网膜结构的变化是视野变化的原因之一。

3.2.2 老年人眼部生理的改变

人上了年纪之后，晶状体逐渐失去弹性，质地变硬，睫状肌的调节能力减弱而造成眼睛的焦点调节能力衰退，视力下降；辨色能力衰退；对明与暗的适应、分辨空间相邻区域的能力也相对减弱；同时由于晶状体的透明度下降以及角膜、玻璃体的液化甚至脱离引起的光线散射致使老年人出现怕光的现象；视野变小，对事物的观察距离以及立体感的分辨能力也在下降。

同时由于年龄的关系，白内障、老花眼、青光眼以及其他生理机能病变，如高血压、心脑血管疾病、肾脏病等都会导致老年人眼底视网膜病变，如视神经疾病、黄斑部病变、眼底血管性病变、以及视网膜脱落等。所以，对于老年人这个群体，照明条件在生活中是至关重要的，我们在照明设计中必须要考虑不同的眼病所需的不同光照度（表 3-2-2）。

表 3-2-2

眼睛随年龄而变化	
新生儿	眼球前后直径 16.6 ～ 17.1mm； 视力发育不健全，只达到成人的 1/30. 只能感受到眼前有事物在移动； 对复杂的形状以及曲线、对比鲜明的颜色更加偏爱
1 ～ 2 岁幼儿	眼球前后直径 20 ～ 21.7mm； 视力可达 0.5；之后每年增长大约 0.1mm，五岁左右达到正常人的水平； 直至 15 岁，立体视觉才会发育完善。 能看见细小的东西如爬行的小虫，能注视 3m 远的玩具，能区别简单的形状
成人	物体的影像焦点正好落在视网膜上（正视眼）； 物体的影像焦点落在视网膜前方（近视眼），看远物模糊，看近物清楚； 物体的影像焦点落在视网膜后方（远视眼）

致 盲 眼 病				
	青光眼	白内障	黄斑变性	糖尿病视网膜病变
40 岁以上	症状：视力下降，眼部胀痛、虹视、头痛、恶心、呕吐	症状：视力下降，怕光，视觉模糊，色觉出现异常、重影现象	症状：中心视力急剧下降，视物变形甚至失明	症状：视物模糊，视力下降、失明等
80 岁以上	原因：眼压升高引起视盘（曾称视乳头）凹陷、视野缺损	原因：年龄、并发症、眼局部外伤、眼内炎症、紫外线照射等	原因：光积聚损伤、自由基损伤，血液动力因素，遗传性因素	原因：糖尿病所致的微血管并发症

3.3 老年人对色温的心理感受

3.3.1 老年人对于色温的心理感受

我们对于色彩产生的一系列心理反应，都是由于不同波长色彩的光信息作用于人的视觉器官，通过视觉神经传入大脑后，本能地经过联想及回忆，引发出来的关于色彩的一系列感觉。

当见到蓝色、蓝紫色、蓝绿色等颜色时，我们很容易就会联想到冰雪、太空、海洋、潮湿等事物，从心理上感受到是冷的、薄透的、安静的、理智的。而见到红色、黄色、橙色等颜色就会联想到太阳、阳光、火焰等，产生温暖、厚重、热血、激动等心理感受。我们都知道光分为暖色光和冷色光，但是色彩本身是没有冷暖温度差别的，是视觉色彩引起人们对于冷暖的感觉才产生了冷暖的区别，这是一种色彩的心理反应。

当太阳升起，新的一天正在徐徐展开，万物苏醒，天空从黄白色渐渐变成蓝白色。夕阳西下，天空燃烧着一片橘红色的晚霞，夜晚降临，天空也跟着变成了静谧的深蓝色，一整天，人们的心情都随着色彩发生着变化，这些我们感受到的色彩温度，就是色温（Color Temperature），是表示光源光色的尺度，单位为 K（开尔文）。

尽管老年人在日常生活中可以接触到各种各样的色彩，但是在室内的日常照明中，彩色灯光的运用只起到点缀的作用。最常见的就是暖黄色光、暖白色光，冷白色光这三种光源。光源的色温越低越温暖，色温越高越偏冷（图 3-3-1）。日出时太阳光的色温约 2000K，晴天正午的太阳色温约 6500K，色温的变化也会引起老年人心理感受的变化，如冷暖感、明暗、舒适、放松、愉悦、柔和、平静、孤单等（表 3-3），所以这些色温的心理效应，可以在设计中有意识地进行选择，为老年人创造更加舒适轻松的生活环境。

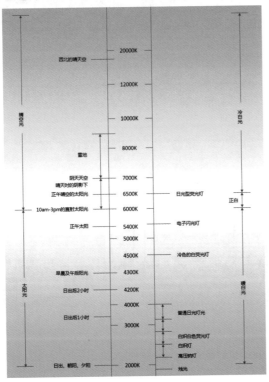

图 3-3-1　部分自然光源与人工光源的色温

表 3-3

	色 温	心 理 感 受
暖黄色	2500 ～ 3000K	明亮、灿烂、愉悦、温暖、亲切、怀旧
暖白色	3500K 左右	明亮、畅快、朴素、雅致、清净、纯洁 （运用不当：虚无、凄凉）
冷白色	4000K 左右	清爽、干净、卫生、安宁 （容易令老人感受到孤独和不安）

以下是某知名养老服务品牌在历经多个项目之后总结出了目前认为最适宜老年人的色温值（图 3-3-2 ～图 3-3-5）：

公共区域：3000 ～ 4000K；客房区域：3500 ～ 4000K。

图 3-3-2 色温
定 位：3000K
（大堂）

图 3-3-3 色温
定 位：4000K
（公共活动区）

图 3-3-4　色温
定　位：3500K
（客房）

图 3-3-5　色温
定　位：4000K
（客房公共走廊）

　　不同的色温对人的心理影响很大，不同的照度在不同环境下也能让人们有不同的心理感受，但是在室内照明中，色温与照度是相互影响共同存在的，在考虑色温的同时也要考虑到照度。

3.4 老年人对于照度的心理感受

目前，我国老年人室内光环境水平较低，不科学的照明光量的分配不仅影响到老年人的视力水平、用眼健康，还影响了老年人的心理感受，危害了身心健康（图 3-4-1）。

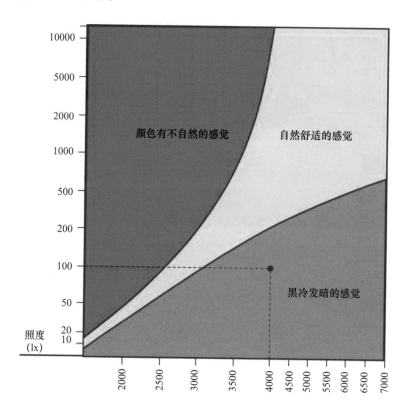

图 3-4-1 老年人对于色温、照度的心理感受

3.4.1 提高老年人室内光环境的照度

老年人因为视力退化、病变等各种因素，需要比常人更多的光，尤其是明暗对比不明显的事物。以下参考我国《建筑照明设计标准 GB 50034—2013》住宅建筑照明标准值与其他居住建筑照明标准值，提出老年人住宅照明光环境的照度标准推荐值（表 3-4 和图 3-4-2）：

老年人照明光环境推荐值　　　　　　　　　　　　　表 3-4

老年人照度提高范围	区　域	照度标准值（lx）	老年人推荐值（lx）
深夜照明 5 倍	深夜去卫生间	2～4	10～20
交通区域 3 倍	走廊门厅	50～75	150～225
一般照明 1.5 倍	一般活动	75～100	120～150
	餐厅厨房	100～150	150～225
	卫生间	80～100	120～150

续表

老年人照度提高范围	区　域	照度标准值（lx）	老年人推荐值（lx）
局部照明 2 倍	书写阅读	200 ～ 300	400 ～ 600
	床头、阅读	100 ～ 150	200 ～ 300
	精细作业	200 ～ 500	400 ～ 1000

房间或场所		参考平面及其高度	照度标准值（lx）	Ra
起居室	一般活动	0.75m 水平面	100	80
	书写、阅读		300*	
卧室	一般活动	0.75m 水平面	75	80
	床头、阅读		150*	
餐厅		0.75m 餐桌面	150	80
厨房	一般操作	0.75m 水平面	100	80
	操作台	台面	150*	
卫生间		0.75m 水平面	100	80
电梯前厅		地面	75	60
走道、楼梯间		地面	50	60

图 3-4-2 《建筑照明设计标准 GB 50034—2013》住宅建筑照明标准值部分

注：* 指混合照度。

以下是某知名养老服务品牌在历经多个项目之后总结出了目前认为最适宜老年人住宅照明光环境的照度标准推荐值：

- 大堂主入口：300 ～ 500Lux；
- 前台 / 客人服务台：400 ～ 700Lux；
- 功能活动区：300 ～ 700Lux；
- 餐厅：200 ～ 400Lux；
- 健康俱乐部：300 ～ 500Lux；
- 电梯 / 电梯厅：200 ～ 300Lux；
- 会议室：600 ～ 700Lux；
- 护理工作站：300Lux，工作台面 500Lux；
- 医疗诊疗室：500Lux；
- 客房走廊：200 ～ 300Lux；
- 起居室及卧室：150 ～ 200Lux；
- 卫生间：200Lux；
- 淋浴：200 ～ 400Lux；
- 衣帽间：200 ～ 250Lux。

3.4.2　科学分配老年人在不同环境下的照明光亮

老年人处于不同的环境、不同的照度下，都会产生不同的心理感受。例如，当老年人待在客厅时，高照度会使老人感受到愉快、温暖、轻松，而低照度则会使老人感受到冰冷、孤独。而在卧室，高照度会使人感受到不安、过于明亮刺眼，低照度则会使老人感受到平静、舒适、放松，有利于睡眠。所以在不同的室内空间，要以老年人的角度思考如何设计，如何更加科学地分配照明光亮，从而使老年人的生活起居变得更加舒适。

3.4.3 避免眩光照射

应采用多光源照明来达到较高的照度，为增加照度的均匀性和避免眩光，不宜采用单个过亮的灯照明。特别是裸灯，同时还应做好灯具的遮光处理。在家具选择上，尽量避免反射光过强的材质，如地面过于光亮，应铺设地毯来减少反射光。

3.4.4 选用显色性好的电光源

老年人对色差的识别能力减弱，对于色调较接近的色彩如红色和橙色、蓝色和绿色区分能力减弱，选用显色性较好的光源有利于老年人对室内色彩的正确分辨。LED 灯的显色性较好，但由于它的色温较低，房间照度值过高时使人产生不舒适的感觉。因而宜用荧光灯（包括管形、紧凑型、环形，有条件的可选用三基色荧光灯）作为房间一般照明，LED 灯作为局部照明。当然，老年人居住环境的照明应注意光色的搭配，最好考虑布置 2 ~ 3 个层次冷暖搭配的灯，并具有调光功能，以便根据不同季节、不同心情、不同视觉需要进行调节。

3.5 不同室内空间的适老化照明设计具体要求

3.5.1 公共区域照明的基本要求

3.5.1.1 客厅及公共起居室的照明设计

客厅、公共起居室作为老年人日常活动公共空间中最重要的一部分，在照明设计上必须要充分考虑不同年龄段老年人的行为习惯、身体机能及视力的健康程度进行合理的、科学的照明灯具配置。由于老年人在公共区域的活动时间较多，照明的时间较长，所以在选用照明灯具时应该优先考虑多层次节能型暖光照明。

例如，我们在设计老年公寓的公共区域部分时，客厅、公共起居室的部分根据整体风格采用暖色光源吊灯作为主要灯具（图 3-5-1 ~ 图 3-5-7）。其他的嵌入式射灯作为辅助及装饰性的光源。房间的各个空间都被照射的比较清楚，满足了日常生活需求。通过探究老年人的喜好以及以上研究光色对于

老年人的心理影响可知，色温在 3000 ～ 3500k 的暖色光源会使老年人感受
到温馨、舒适、热闹。

另外，在客厅或起居室放置电视的背后墙面上宜设置柔和避免直射的背
景灯光，以减少电视机荧屏光亮与周围环境的反差，提高老人观看电视时的
舒适度。

图 3-5-1 公共起居室宜采用暖光源（某知名养老服务品牌老年公寓北京项目）（一）

图 3-5-2 公共起居室宜采用暖光源（某知名养老服务品牌老年公寓北京项目）（二）

图 3-5-3 公共起居室、图书室宜采用暖光源（某知名品牌老年公寓北京项目）

图 3-5-4 公共起居室宜采用暖光源（某知名养老服务品牌老年公寓北京项目）

图 3-5-5　客厅采用暖光源（某知名养老服务品牌老年公寓北京项目）（一）

图 3-5-6　客厅采用暖光源（某知名养老服务品牌老年公寓北京项目）（二）

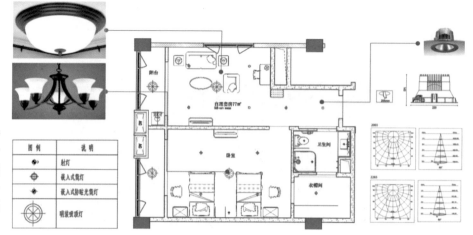

图 3-5-7 客厅灯具布置及灯光示意图（某知名养老服务品牌老年公寓广州项目）

3.5.1.2 交通空间照明设计

由于老年人的视觉明暗对比适应能力减退，在布置局部照明和整体照明的照度比例时，应尽可能控制在 3∶1 避免两个空间产生明显的明暗差异。例如，当老年人处于一个明亮的客厅，在通往卧室的走廊时灯光如果过于昏暗，就会使老年人无法适应突然的明暗过渡。如果走廊长度在 1～2m 左右时，可以不再设置直接照明灯具，利用附近房间的光即可。走道较长时要设置简洁的直接照明及辅助照明灯具，同时保障光线、照度分布均匀恰当（图 3-5-8），保障老年人的日常活动安全舒适。另外，卧室、客厅、走廊等主要空间要设置光感控制的起夜灯，便于老人起夜通往卫生间，位置宜设置在距离地面 0.4m（图 3-5-9）。

图 3-5-8 走廊（某知名养老服务品牌老年公寓北京项目）

图 3-5-9　起夜灯

3.5.2　卧室、客房照明的基本要求

一般卧室的灯光照明可分为普通照明、局部照明和装饰照明三种（图 3-5-10～图 3-5-13）。普通照明供起居室休息，而局部照明则包括供梳妆、阅读、更衣、收藏、看电视等，装饰照明主要在于创造卧室的空间气氛，如浪漫、温馨等氛围。

另外卧室的主要照明灯具一般设置在房间的中心，所以在考虑灯具时，不仅要考虑照度，而且对于灯具也要做柔化处理，不要使平躺的老人感到刺眼及炫光。结合色温和照度合理，科学地选择照明灯具。例如，色温过高而照度过低，会使老年人感受到冰冷阴暗；色温过低而照度过高，会使老年人燥热不安；同时要配合局部照明灯具，方便老人阅读或书写时，及时调节亮度。

同时在设计电源开关时，要考虑到老年人的视觉准确定位性降低，所以开关要设置高度距地面 1.1～1.2m，以方便使用轮椅的老人。在老年人主要活动区域的墙面上采用一灯多控，或者多灯一控的方式（图 3-5-14），避免妨碍行动不方便及记忆力减退的老人使用。

图 3-5-10　普通照明、局部照明和装饰照明（某知名养老服务品牌老年公寓北京项目）

图 3-5-11 卧室局部照明（某知名品牌老年公寓北京项目）

图 3-5-12 卧室局部照明和装饰照明（某知名品牌老年公寓北京项目）

图 3-5-13 卧室宜采用暖光源（某知名品牌老年公寓北京项目）

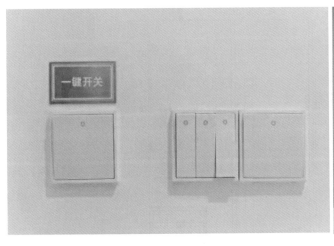

图 3-5-14　一键开关及空调控制面板设置高度 1100CM，满足轮椅老人使用

因此，卧室照明中最基本的任务是：

（1）进行卧室清扫等日常活动时，灯光的亮度要足够，并且要照亮全部空间，以便清扫时能够清楚地看到每个区域，保证不留死角。

（2）在卧室阅读时床头灯要柔和、亮度适中，满足阅读的需求，使眼睛舒适，保护视力。

（3）在卧室看电视时光线的亮度要低，电视机后方的壁灯可以减弱看电视时视觉的明暗反差，使眼睛舒适，保护视力。

（4）挑选衣物时要使光线明亮而集中地照射到衣物上，灯光的显色性要好，让衣物呈现真实色彩。

（5）梳妆照明要将光线集中在镜子正前方，以便光线均匀照亮脸部的每个部位，避免形成阴影，光线要柔和，无眩光。

（6）除此之外，卧室照明还应做到安全、可靠、方便维护与检修，并营造出温馨的氛围。

3.5.3　卫生间照明的基本要求

卫生间的主要照明灯具一般布置于顶部的几何中心区域，配备重点区域照明作为辅助灯具，灯具都应防水防潮，防止漏电对老年人造成伤害。

因此，卫生间照明中最基本的任务是：

（1）盥洗区要设置镜前灯，一般位于镜子的两侧或上方，灯光应调整为照射在人的面部区域，避免使用筒灯作为镜前灯，其垂直的光线会使人脸部处于阴影下，当近距离照镜子时，灯光又会照射到脑后。因为老年人的视力问题，盥洗区的灯具应适当调高照度，以更好地满足老人观察面部细节的要求（图 3-5-15）。

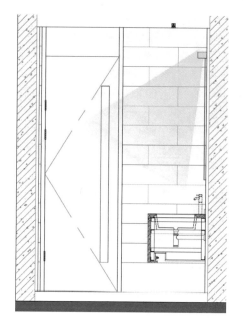

图 3-5-15　盥洗区镜前灯灯光应调整为照射在人的面部区域

（2）如厕区应在坐便器上方设置直接照明灯具，以便老人及时观察到排泄物的异常状况，同时考虑到老人夜晚如厕，灯具最好可以调整亮度，避免过于刺眼（图 3-5-16）。

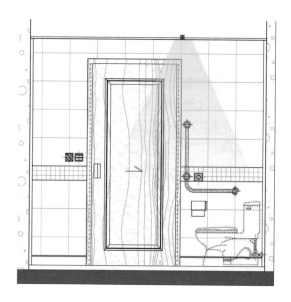

图 3-5-16　如厕区坐便器上方设置明亮的直接照明灯具

第4章

养老住区室内色彩设计

4.1 认识色彩的概念

4.1.1 色彩的概念

色彩即波长在可见光谱之内的电磁辐射从物体反射到人的眼睛所引起的一种视觉心理感受，是一种"色刺激"。色彩按字面上含义上可理解分为"色"和"彩"，所谓"色"是指人对进入眼睛的光传至大脑后所产生的感觉；"彩"则指多色的意思，是人对光变化的理解（图 4-1-1）。

图 4-1-1 "色"
与 "彩"

4.1.2 室内色彩的分类

通常我们会按照色彩在室内空间的面积以及占比重要程度来划分类别，这三类分别为：背景色、主体色、点缀色。

背景色，是指在一个室内空间范围内占比最大面积的色块，例如空间中的墙壁、地面、天花隔断等，背景色决定并奠定室内空间的整体基调，体现了室内的气氛与风格。

主体色，是指家具及陈设物品在整个室内空间范围内形成的大面积色块，是除背景色之外占面积比重最大的色块，如衣柜、沙发、床等。

点缀色，即在整个空间中起点睛之笔，占比面积最小的色块，如灯具、植物、织物、艺术品等，点缀色主要起到的作用是活跃室内气氛，打破背景色与主题色单一造成的沉闷单调。

主体色既是点缀色的衬托，又与背景色成为点缀色的衬托，所以恰当地运用点缀色，既可以活跃室内气氛，又增加了室内色彩的层次；

在设计过程中，对于色彩的分配与决策通常是从面积占比大的色块入手，由背景色到点缀色依次决定。

4.1.3 色彩的物理、心理以及生理效应

色彩在客观上是对人的一种视觉刺激，人们对于色彩的认知主要来源于主观上对色彩的感受行为及反应。例如，当我们看到色彩会感受到远近、冷暖、大小、高低等，这些都是人们对色彩的主观感受，一旦人们受到色彩的刺激，就会联想起生活中的很多视觉、知觉经验，从而感受到色彩的各种情感，在心理学上这种现象被称为"联觉现象"。

4.1.3.1 色彩的物理效应

1. 色彩的冷暖

色彩本身并没有冷暖之分，冷暖只是人们对于色彩的"刺激"联想出来的。人们见到黄色、橙色、红色时就会立刻联想到火、太阳、沙漠等使人感受到温暖、愉悦、兴奋的事物；当见到蓝色、紫色、青色时就会联想到冰雪、阴暗、沉静，而绿色可以算作是介于冷暖色之间的中性色。有人曾测试过，有两组实验者处于同样温度、墙壁颜色分别为黄色及蓝色的房间中，处于墙壁颜色为黄色房间中的人会比处于蓝色墙壁房间中的人心理温度高很多，这就是色彩带给人的心理感受。

2. 色彩的进退

一般暖色或者彩度高、明度低的色彩，看上去会有前进的感觉，这种颜色被称为前进色，如各种黄色或与黄色相接近的颜色；冷色及彩度低、明度高的颜色被称为后褪色。在生活中，色彩的进退感被广泛利用在各种领域，例如，广告牌常见为红色、黄色、橙色等前进色，这样能够使广告信息更加醒目。同样，在室内，墙壁颜色为浅色的房间会比深色的房间更显宽敞明亮，这也是利用了色彩的进退感（图4-1-2、图4-1-3）。

图 4-1-2　色彩
的前进（左）

图 4-1-3　色彩
的后退（右）

3. 色彩的轻重

色彩的轻重主要来源于色彩的明度，明度高的颜色会使人联想到白云、天空、水、棉花等较"轻盈"的具有上升感的事物，这些颜色被称为轻色；而明度低的颜色会使人联想到土地、钢铁、石材等沉重、有下坠感的事物；这种颜色被称为重色。在室内设计中，需要注意调节整个空间中轻色与重色的面积比例，从而使室内色调达到平衡与稳定，避免造成沉重的压迫感或者过于轻飘的感觉。

4. 色彩的软硬

色彩的软硬同样与色彩的明度有关，而与色相几乎无关。明度高的色彩通常会使人联想到轻盈的、柔软的事物，如云朵、棉花、绒毛等；而明度低的色彩，则会使人联想到深色的、沉重刚硬的事物，如钢铁。色彩的软硬感通常会利用在家居织物的搭配上，如果想要体现织物质感柔软温暖，明度高的浅色系较为适合，如米黄、浅咖色等棉布、麻布材质。而毛料或绒料呢绒等较厚质感的织物，一般宜选择明度较低的色彩，如深咖色、深灰色等。

4.1.3.2　色彩对人的心理及生理效应

色彩对于人有物理上的刺激，而心理及生理上的刺激就是通过感受器官把色彩带给我们的物理刺激转化为神经上的刺激，神经刺激传到大脑而使我们在心理及生理上产生感觉和知觉。颜色对于人的心理影响及生理影响很大，色彩对于人的精神及生理状态有着非常显著的影响力，在医学上，不乏利用色彩治疗人类疾病、调节心理障碍的例子。

实验表明，颜色对于生活是一种调节营养素，合理恰当地利用会有助于身体及生理健康。反之，则会对健康造成危害。

色彩对于人类身心健康表现在以下几点：

（1）提高空间舒适感；

（2）有益于身心健康；

（3）有利于疾病的治疗；

（4）用于区分、提示的安全标志颜色。

1. 红色

红色象征着力量、热量、活力、激情等，在医学上，红色是与生殖系统有关的情绪型颜色，能够增强血液循环及肾上腺素的分泌、刺激和兴奋神经系统。虽然医学上红光对于治疗低血压、贫血等疾病作用非常大，但是长期生活在红色的环境中，会导致视力下降、听力减退、脉搏加速。尤其对于有高血压、心脏病和焦虑症的老年人不合适，避免使用（图4-1-4）。

图 4-1-4 红色在室内设计的应用

2. 橙色

橙色是自然的颜色，充满活力与朝气，是活跃的催化剂，能够给老年人的生机与血液带来力量。在医学上，橙色与肾上腺素有关，通常有助于增加人体免疫力、脉搏、消化系统，利于钙的吸收等。只要在室内环境中适度利用橙色，就能够给老人带来柔和温暖的感觉，有利于恢复和保持身心健康。但是和红色一样，对于易怒、焦虑、性格暴躁的老年人来讲，要谨慎利用（图4-1-5）。

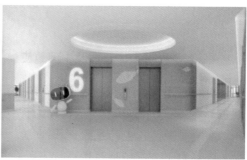

图 4-1-5 橙色在室内设计的应用

3. 黄色

黄色是所有颜色中反光最强的颜色，具有激励及增强活力的作用，由于它的高明度和可见度，在生活中黄色被利用在很多广告牌、安全实施及危险警告信号中，起到警示作用。同时黄色色彩过于明亮，明度过高会使人感受到轻薄、冷淡。在医学上，黄色能够助于排泄，刺激肝脏和脾脏，在治疗糖尿病、消化不良等方面有显著的效果，但是运用不当会使人过度兴奋（图4-1-6）。

图 4-1-6　黄色在室内设计的应用

4. 绿色

绿色是由蓝色黄色混合而成，可以使人感受到平衡稳定，代表着生命力与平和，是一种可以平复心情、消除焦虑、调节心脏功能的具有治愈能力的颜色。在医学上，绿色可以缓解视觉疲劳，在治疗神经系统、发烧等方面具有显著成效。绿色对于老年人是一种有关复苏、年轻、平静的具有生命力的治愈色系。不过，对于精神方面有疾病的老年人，要避免使用深绿色，容易引起幻觉及妄想（图 4-1-7）。

图 4-1-7　绿色在室内设计的应用

5. 蓝色

蓝色是一种具有冷却、平复、调整的颜色，在医学上，通过利用蓝色的冷却平静作用，可以生理降温、平稳呼吸，减轻疼痛、焦虑、愤怒、高血压、皮肤病等。蓝色同时还具有催眠作用，是一种情感化的颜色，患有神经衰弱、忧郁症的群体不适宜接触蓝色。房间内如果蓝色面积占比过大，会使人感受到压抑、孤独、冷清；蓝色尤其不可单一的使用，需要与其他颜色中和达到平衡（图 4-1-8）。

图 4-1-8　蓝色在室内设计的应用

6. 紫色

紫色是由红色和蓝色混合而成，是一种具有安抚作用的颜色。紫色在医学上用来治愈神经疾病，在深度系统手术中可以减轻疼痛，但运用不当会使人压抑自己的情感，例如愤怒（图4-1-9）。

图4-1-9 紫色在室内设计的应用

4.2 老年人居住环境室内色彩

4.2.1 老年人居住环境室内色调的选择

室内设计就是将人与环境、声、光、色等元素，统筹考虑从而创造出具有不同氛围的空间环境，在设计过程中能够最快、最直接、效果最直观展现的就是通过利用色彩。不同的色彩可以直接使人产生多种心理感受与情绪，例如温暖明亮的颜色、纯净的颜色，会使人心情愉悦，兴奋；而冷色调、灰色调则会使人感受到冰冷、沉静。

色彩对于人有积极的影响，也有消极的影响，所以我们要做的就是合理利用、平衡色彩的积极与消极因素。老年人由于年龄的增加，生理以及心理都会有一定程度的变化，这些变化会使他们的性情变得暴躁、易怒、忧郁，对自己的身体状况担忧等；高血压、老年痴呆、糖尿病、神经衰弱等老年慢性疾病，都会使得老年人不适。对于这些老年人在处理室内环境色彩上，就要考虑色彩的生理效应，用适宜的空间色彩回应老年群体特征的需要，从而安抚或消除老年人的不适。

采用具有镇静作用的浅色冷色调，就能够有效降低他们的焦躁，适当的利用这些冷色调非常有利于老年人的心理健康（图4-2-1）。当然对于有些抑郁、心情不佳、不合群、感受到孤独的老年人，通过利用温暖明亮的暖色调、舒缓柔和的米色调等淡雅温暖的颜色融入他们的房间中，使他们心情愉快，增加面对老年生活的信心。对于一些患有老年痴呆症的老人，在室内搭配多种颜色，引起视觉刺激，有利于增加对大脑的刺激，使其康复。恰当的利用冷暖色调及灰色调，能够从各种方面缓解他们的心理压力，有利于老年人的身心健康（图 4-2-2）。

图 4-2-1　冷色
调室内空间

图 4-2-2　暖色
调室内空间

　　当然，随着年龄的增加，老年人对于色彩的分辨能力与感知能力会减弱，甚至出现无法识别颜色的情况，例如有些老年人无法区分墙壁与地面的交界，造成危险，有些则对于色彩丰富的食物表现得不感兴趣等。由此看来，在设计老年人的室内居住环境时就要充分了解老年人与年轻人对于色彩的感知区别，比如对于老年人，适当增加色彩的明度与对比度，在一些难以分辨的危险区域，例如楼梯与地面的交界处通过区分材质与色彩来起到提醒的作用。

所以在设计老年人室内活动空间时，学会灵活的规划颜色在室内空间分布的面积、比例、家具、材质以及利用植物进行点缀等，可以帮助老年人缓解心情，获得更加舒适的生活。

4.2.2　老年人室内空间环境组成及主要功能空间的色彩配置

老年人的室内活动空间即生活空间，根据住宅不同的特点以及日常在室内活动的特点，通常从居室构成，布局方面可以划分出三大区域：生活区、休息区和活动区。生活区主要是备餐、就餐、盥洗、如厕之用，如厨房、餐厅、卫生间、衣帽间等；休息区主要指卧室；活动区是供人们日常活动、视听、待客、娱乐、读写之用，比如起居室、棋牌室、书画室、舞蹈室、影音室、健身房等公共活动空间，这个空间由于具有多种功能，一般面积相对较大。

其他区域还包含门厅、走廊、楼梯间、电梯间等公共交通空间；设施齐全的还包括协助洗浴、康复训练、医务室等空间，这些空间的色调选择、材质选择，以及家具的选择等，都是老年人室内空间环境的重要组成部分。

相对于老年人，根据他们的行为特点，以下空间色彩更为重要。

1. 卧室

这个空间具有较高的私密性，对于老年人来说，卧室区域是用来休息的，所以安静是至关重要的，但这个老年人要求的安静不仅仅是声音上安静，还要求室内色彩环境给心理带来的安宁感。因此，卧室空间的色调搭配宜选用温暖明亮的暖色调，米白色、米黄色、浅咖色等都是适宜的颜色。对于特殊照顾的老年群体，利于护理型老年人，要多利用温暖的色彩。对于失智老年群体，适当利用浅的冷色调例如淡蓝色、淡绿色等可以起到安抚稳定情绪的作用（图4-2-3）。

图 4-2-3　浅绿色调的卧室

2. 起居室

起居室是老年人娱乐活动的场所，所以在色调选择上可以偏向明亮活泼温暖的色彩，通过局部区域重点配色适度点缀（图 4-2-4）。

图 4-2-4　明亮活泼色调的公共起居室

3. 厨房与餐厅

餐厅的基本功能就是提供老年人就餐，所以在搭配上适宜增加食欲，使人心情愉悦的暖色调，例如浅黄色、暖绿色、暖橘色（图 4-2-5）。

图 4-2-5　暖绿色调的餐厅

4. 卫生间

卫生间主要为清洁功能，所以色调的搭配不用复杂，多以暖白色及浅蓝色、浅绿色的色调（图 4-2-6）。

图 4-2-6 浅绿
色调的卫生间

4.2.3 适宜老人居室的色系搭配原则

1. 依据空间功能需求

不同的空间拥有各自的使用性质及功能，例如，老年人卧室需要安静沉稳的色调搭配，起居室却需要明快活跃的色彩搭配。显然在色调搭配上，依据空间的不同功能及使用环境因人、事、时、地不同而采取变化及调整。例如，红色会给人兴奋及冲动，所以不适宜在老年人的卧室空间出现，会造成老年人失眠焦躁。在护理病房等安静的空间，需要搭配浅蓝色等治愈平和色系的颜色，有利于恢复健康。

2. 色调统一协调适当对比

运用丰富的色彩有利于活跃室内的环境氛围，但是在有限的空间内进行色彩配置种类却不宜过多，在色环上的跨度不宜过大，通常对于主题色调的选择在色环上是相近的，这样产生的统一感及亲切感，会使室内氛围适宜，通常，空间中的色调搭配都会采取占比面积较大的色彩，同时颜色的彩度低且平稳，并辅以面积较小适当的对比色彩作为点缀色出现，就会使整个空间气氛活跃，通常点缀色为彩度较高的颜色，有时为了突出空间中的某一区域，会采取重点对比搭配的形式，突出强调的区域来引人注意。并且为了避免"头重脚轻"，整个空间的色调由上到下应采取明度逐渐降低的规则，加强空间的稳定感。

3. 二维及三维空间的颜色区别要明朗

随着年龄的增加，老年人出现对于色彩的分辨能力与感知能力有所减弱甚至无法识别的情况，例如有些老年人因无法区分墙壁与地面的交界而造成危险等情况，那么在老年人的室内空间色系搭配上，注意物体与物体之间的颜色区别要明朗，如果地面选择了深色调，那么墙壁就要尽量搭配浅色调；如果墙壁选择了浅色调，家具等容易造成老年人磕绊的物品就要选择与周围环境有反差的颜色，有利于他们及时分辨出，避免造成安全隐患。在老年人居住的室内空间，尤其要注意透明材质物品的使用，例如，透明的桌子椅子、玻璃隔断等。

综上所述，在设计老年人的居住空间时，要注意到区分空间划分，无论在平面还是立体范围内，应利用色彩的对比度、冷暖以及明暗来划分区域，形成对比，这样就会使老年人的生活活动更加便利。

4. 回应老年群体特征的需求

不同特征的老年群体，需要合理配置颜色。例如，失智老人的房间需要具有安抚作用的色调等。在考虑各空间的色调搭配时，使用群体的性格及其身心需求是最重要的。

第5章

养老住区室内软装设计

5.1 适老化软装设计定义

软装设计，即软装修、软装饰，是相对于传统"硬装修"的室内装饰形式，在家居装饰中，硬装修与软装饰是相辅相成，密不可分的。一个家有了墙、顶、地面的硬装修和固定的装修家具后，还需要相配套的可移动家具、布艺、灯饰、陈设摆件的点缀，即在居室完成装修之后进行的利用可移动、可更换、可更新的墙饰、窗帘、布艺、绿植、挂画、配饰等的二次装饰，才能使空间散发生活的韵味。硬装饰是很难改变的，而软装饰则可以根据季节和心情的变化而改变。

适老化软装设计，即针对养老住区里老年人群的居住生活空间的软装饰设计，必须坚持"以老年人为本"的设计理念，从老年人的视角出发，切实去感受老年人的不同需求，从软装饰角度设计出适应老年群体生理及心理需求的室内空间环境。因此，适老化软装设计对养老住区整体室内环境氛围的塑造是非常重要的（图 5-1）。

图 5-1 大堂休闲区（某知名品牌老年公寓北京项目）

5.2　不同养老住区适老化软装设计方向

目前中国养老住区的主流产品模式有三类：（1）CLRC 长者复合社区；（2）CB 协助护理型养老公寓；（3）CC 社区老年生活照料中心。不论什么样的养老住区，适老化的软装设计都是必不可少的，都要从装饰细节上使入住老人的生活环境感觉舒适、温馨。

养老住区是为全年龄段的、全生命周期的各层级的不同类型的老人服务，根据老人的身体健康程度分为 IL 自理老人、AL 协助护理老人、SN 专业护理老人、MC 失智照护老人四大类型，在进行适老化软装风格设计时，需要先结合项目所在城市文化环境针对当地老年人群的生活习惯进行分析，软装风格设计要与地域文化相结合才能真正营造和提升养老机构的环境和氛围。不论是舒适、简约的北欧风格，优雅、庄重、富有历史文化的东方风格，还是崇尚自然、悠闲、舒畅的美式田园风格等设计风格，都是为了使老人居住环境温馨、舒适，老人既能够体会到归属感，也能够享受到家的温暖（图 5-2）。

图 5-2　护理层公共休闲区（某知名养老服务品牌老年公寓天津项目）

5.3　适老化软装的主要设计要素

适老化住宅与普通住宅的基本功能相同，但是与其他年龄段的人相比，老年人在心理、生理以及行为特点上都有一定的差异，根据这些特点，老年人的生活及居住需求也有其特殊性。因此，除了在室内设计硬装修中需要符合老年人的居住生活使用功能及需求外，还需要在硬装修的基础上，通过软装饰与硬装修相结合创造出整体氛围，适老化软装设计主要通过以下四个要素来实现目的：

5.3.1 活动家具设计

适老化活动家具一定要考虑到老人的生理和心理需求，而且必须要符合老年人体工程学原理，考虑老年人的生活使用方便、安全等特点。设计时避免棱角过多和多余的装饰，选择流线型、弧形设计，谨防老年人跌倒磕碰（图 5-3-1）。家具靠墙摆放，坚固，避免倾倒，以使老人的行动路线清晰、通畅，避免出现"S"形行走路线。老年人不易爬高或弯腰，所以家具的尺度和东西的摆放位置尽量不要过高或过低，以避免老人弯腰使用。家具要软硬适宜，材料环保为先（图 5-3-2）。

为了方便老人的行走、活动，老人房间内的家具，在保证老人的使用方便、安全和舒适的前提下，宜少不宜多。入户门处一定要有方便老人换鞋的座椅，减少老人身体负担（图 5-3-3）。换鞋座椅处还可安装放置出门常用物品的置物架，方便老人拿取（图 5-3-4）。

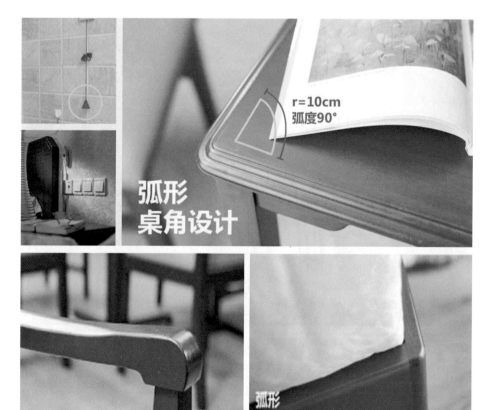

图 5-3-1　家具细节

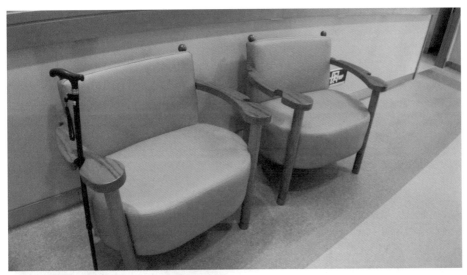

图 5-3-2　家具
细节

图 5-3-3　鞋凳
（左）

图 5-3-4　鞋凳
（右）

　　对于行动不便的老人来说，卧室是他们生活的主要场所。因此，除了私密性外，老人更需要安全和舒适。作为房间内最主要的家具，床的尺寸、摆放的方式格局就尤为重要（图 5-3-5），老人床的放置尽量两面都留有通道，方便老人可以从两边上下床（图 5-3-6）。老人的床头柜还起到收纳的作用，方便老人放一些日常的药品、眼镜、常看的书籍等。

图 5-3-5　双人
客房（某知名
品牌老年公寓
北京项目）

图 5-3-6 单人客房（某知名品牌老年公寓北京项目）

5.3.2 装饰灯具设计

适老化软装设计中的灯饰要满足老年人生理和心理上的需求，老人居住空间的装饰灯具设计首先要考虑的是实用性，然后是装饰性。灯具选择既要满足普通照明外，还要选择合适的艺术风格来达到灯与环境互相辉映的效果，起到渲染空间氛围、营造温馨环境的作用（图 5-3-7）。老年人随着年龄的增长，视力下降，照明光线要柔和明亮、无眩光。可多一些局部照明，例如：

• 为了方便老人夜间起夜，夜间感应灯必不可少的；

• 橱柜下的照明和抽屉、衣柜内的照明也能方便老人拿取物品；

• 安装镜前灯，不但起到照明的作用，暖黄色的灯光还能让老人看起来气色更好（图 5-3-8）。

图 5-3-7 休息区（某知名品牌老年公寓北京项目）

图 5-3-8　局部照明

5.3.3　布艺窗帘设计

　　安全、舒适、健康的休息空间对老年人来说很重要，老人的房间中窗帘选择最好是比较厚实的棉质或棉麻材质的窗帘，用于遮挡强烈的光线；床上用品也要选择保暖性好的、全棉材质等都是为了让老人能有个良好的睡眠。在满足了基本的适老化使用需求后，既要考虑布艺、床品、窗帘色系与整体环境的协调，还要考虑老人在颜色选择上不能太花，不然会使老人心烦意乱、心跳加速。选择的布艺床品窗帘要体现出舒适、温馨的气氛，能使老人收获更平和的心境，有益于老人的身心健康（图 5-3-9）。

图 5-3-9　客房（某知名品牌老年公寓广州项目）

91

5.3.4 墙面的装饰、摆件、配饰、花艺绿植设计

养老住区的公共活动空间是老人交流情感和活动的区域，需要用墙面装饰、配饰摆件、花艺绿植等软装饰来活跃空间氛围，丰富空间的色彩，突出地域文化。花艺绿植还可以净化老人生活空间的空气质量等（图 5-3-10）。

图 5-3-10　休息区一角（某知名品牌老年公寓北京项目）

公共走廊是老人每天必经之处，平时走动最为频繁的区域，不易有过多的阻碍物，那么墙面上的装饰和布置就更是必不可少的了，挂一些老人的字画作品、老人的生活照等贴近老人生活的装饰，丰富老人的生活（图 5-3-11）。老人的房间是老人生活起居之处，"家"的概念格外重要，除了必要的家具、布艺窗帘以外，还可以利用墙面装饰和装饰品摆件、花艺等来营造温馨的家的氛围（图 5-3-12）。如：

图 5-3-11　文化墙（某知名品牌老年公寓北京项目）

图 5-3-12　照片墙（某知名品牌老年公寓北京项目）

- 展示老人绘画、书法、手工等作品；
- 悬挂一些地域特点的文化饰品、名人字画；
- 展示能相互扶持、促进、鼓舞、关爱、帮助的养老社区内容；
- 展示老人的生活、聚会活动、旅行及旧时照片；
- 展示支援老年人发挥他们的余热，体现有价值的晚年生活环境。

适老化软装设计以舒适、安全为主，配饰可以少用一些金属玻璃等易伤人的材料，多一些自然的舒适的软配饰。适老化软装并不仅体现在安全、实用上，对有特殊偏好老人的情感需求也不容忽视。例如，有的老人不喜欢钟表带来的时间压力，有的希望室内环境特别安静，有的则十分怀旧。房间里还可适当种植一些无害的绿色植物，对老人的身心健康和心情都是有帮助的。除了一些美化环境、渲染氛围、突出地域文化的装饰艺术品之外，还可以是贴近老人生活的装饰品，可以做生活化物品陈设，寻求老人过去的生活场景或物品来营造生活氛围，勾起老人美好的生活记忆。充分让老人感到"安心、安全"，提升老年人的幸福生活指数（图 5-3-13、图 5-3-14）。

图 5-3-13　客房配饰（某知名品牌老年公寓北京项目）

图 5-3-14　墙饰陈设展示

5.4　失智区软装设计专题

5.4.1　失智老人情况介绍

失智老人多指患有"阿尔茨海默症"的老人,即常说的患有"老年痴呆症"的老人,这类比较特殊的老年人群的特点体现在以下几个方面:

·记忆力减退——失智老人随着病症的发展,记忆力逐渐减退,甚至会忘记自己的家人;

·叙述发生问题——正常人也会忘记一些词语或者适当的形容词,但阿尔茨海默症的老人可能会自创不适当的词语,制造一些无意义的句子;

·丧失对时间和地点的观念——可能会忘记时间及地点的感觉,想象自己生活在不同的时间,通常回到了过去,或者是自己熟悉的街道及生活环境;

·行为及情绪改变——易出现忧郁的症状、闷闷不乐、夜晚睡眠状况不好;

·丧失开创力,抽象思考困难——对抽象化事物没有联想力,易造成思维混淆。

重复性的语言、无逻辑思维、无危险意识、易怒、健忘、有攻击性行为,这些都是失智老人的一些典型症状。因此,失智区软装设计重点应该放在恢复老人感知认识康复上,让老人恢复感知远比放任老人自然衰退困难得多,这样对老人来说是负责任的,有帮助的。

5.4.2　失智老人区域软装风格

失智老人区域软装整体风格和其他区域风格可以不统一,考虑到失智老人的特点，公共区域一定要塑造出与地域文化匹配的"怀旧记忆场景"。在此区域增添色彩和图案的应用，营造全方位的生活体验：眼睛看到美丽风景与怀旧场景；耳朵听到舒缓音乐；鼻子闻到怡人香味（食物、花朵、植物等）。失智老人需要安全保障、个性化照护、尊重、鼓励与支持。老人活动区域布置宽敞，可以适当设置卡通图案和玩偶，营造轻松氛围。失智区具体软装设计要素如下（图 5-4-1、图 5-4-2）；

图 5-4-1　失智区局部软装一

图 5-4-2　失智区局部软装二

1. 居室设置专属门牌

门口摆放易于识别的物件，它的唯一性保证了老人在认知后降低走错房间的概率（图 5-4-3）；

图 5-4-3　客房
入户门一角

2. 设置人生履历

如故事板报，好比制作故事板的剪贴簿，使用彩色背景，装入画框后挂在房间外面。内容可做住户人生历练的总结，放一些老人的生活照片、儿时照片、重要经历的照片等。目的是可形象地为员工、其他住户和家人及来访者"讲述"每个住户独特的人生故事（图 5-4-4）。

3. 设置怀旧记忆场景体验区（图 5-4-5 ～图 5-4-9）

设计目的是为了贴近老人天性，设计的活动区怀旧生活化，有舒适温馨的氛围，容易引发联想和对以往生活的怀念及热情，心态更易融入记忆场景中。

记忆场景设计如下：

（1）公车站与旅行

旧时的自行车（如永久牌、凤凰牌）、旧时的风景照（如桂林、井冈山等）和普通人的黑白照片和老相册。对于阅历丰富和爱好旅游的住户来说，这是个非常恰当的怀旧主题。

（2）手工坊

旧时的缝纫机＋女红（圆盘）绣花等、旧款衣服（旗袍、学生、背包）、北方特色之杨柳青年画、剪纸等。

（3）旧时的小卖部

粮票、油票、喝水的旧瓷杯、雪花膏、旧门票等。

20 世纪四五十年代儿童玩具（游戏场）（仿婴儿车主题）沙包、陀螺等。

（4）影音主题

旧时的电影海报、明星照、普通人的结婚照、收音机、黑白电视机、留声机、唱片胶片和磁带等。

图 5-4-4　人生履历

图 5-4-5　公车站与旅行

图 5-4-6　手工
坊

图 5-4-7　旧时
的小卖部

图 5-4-8　儿童
玩具

图 5-4-9　影音
主题

4. 设置庭院种植区及宠物区

对于失智老人来说，庭院是必不可少的一部分。接触和感受自然，会对他们产生积极的作用。

在庭院中设置植物种植区（图 5-4-10），香花植物能刺激嗅觉，色彩鲜艳的花卉能达到视觉刺激。还可设置宠物区（图 5-4-11），在庭院饲养小鸟，鸟的叫声、水流的声音，都会使老人在身心上得到放松。可以鼓励老人参与一些简单的浇花动作或用手触摸疏松温暖的植物，不仅维持身体机能，还可以感知植物的生命力。

图 5-4-10 种植及健身活动区

图 5-4-11 宠物生活馆

5. 出入口伪装（喷漆或贴画）：

"伪装"风格清新，与周边环境融合；

取材于日常题材：书柜、壁炉等；

出入口和墙有强烈对比；

伪装画可适当延伸到邻近墙壁；

刷卡处或按键处应尽量融在伪装画中（图 5-4-12）。

图 5-4-12　出入口喷绘

5.5　导视系统

合理的导视系统是养老住区软装设计中很重要的一个部分，针对老人的导视分成两大类：

5.5.1　指向导识

即具有功能区域方向的导视牌（包含楼道区域方向、地面方向指引等），需要具有明显的方向导识性，可延续每层的主题色彩应用到导识中。

指向导识多应用于公共区域，因考虑到老人的活动便利性，指向导识建议以墙面色彩为主，交叉出口可在较高位置设置立式指向导识牌（图 5-5-1）。

图 5-5-1　指向
导视

5.5.2　区域导识

即展示区域功能或内容的导视牌（包含房间门牌、餐厅、活动室、洗手
间等）。

导视内容以图形、文字和盲文三个部分构成。区域导识多应用于居住区
域，为了方便老人随时看见，建议区域导识牌以立牌为主（图 5-5-2），方便
各个方向的识别，同时所有门牌标识建议增加一个墙面标识，方便识别。

图 5-5-2　区域
导识

5.5.3　失智区导视系统

失智区老人的特点是对抽象事物辩识度不高，方向感弱，所以在失智区
的导视建议采用图形感丰富、包容感强的导视（图 5-5-3、图 5-5-4）。

图 5-5-3 失智区导视牌

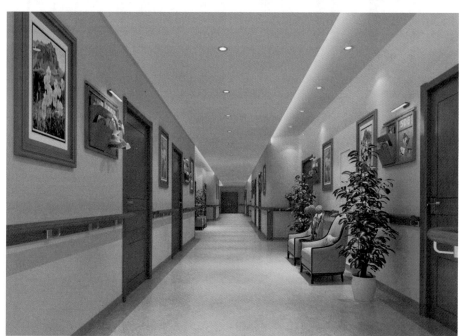

图 5-5-4 失智区走廊

5.5.4 色彩分区导视

由于老人记忆力的衰退，数字或抽象的事物较难分辨，所以我们一般按居住楼层的不同将各楼层设置成不同的色彩，并伴有不同的主题事物，帮助老人分辨。

大堂、老人活动区等公共区域层建议主色彩为浅米色，包容性强，易于搭配，温暖、亲切、大气。老人居住楼层建议色彩为淡绿色、淡蓝色、浅红色，根据主题搭配，失智老人居住楼层可选用明快色彩——橙黄色系，便于老人识别，同时增强老人的愉悦感（图 5-5-5 ～图 5-5-8）。

图 5-5-5　休息区

图 5-5-6　大堂

图 5-5-7 公共
活动区

图 5-5-8 走廊

第6章
养老住区智能化设计

　　针对目前中国养老住区的三种主流产品模式（CLRC、CB、CC）。老人可以根据自己的年龄和身体健康状况、家庭经济状况、老人和子女的养老观念来选择符合自己需求的养老模式。年龄较大、生活自理能力弱且具备较好的经济承受能力的老人往往选择 CB 护理公寓型养老住区；不想离开家庭生活环境又需要照料的老人往往先选择 CC 社区照料型养老住区或居家养老；CLRC 长者社区型养老住区让老人既能维持家庭生活环境又能得到专业的养老照护，是社会力量依托住区为老年人提供生活照料、健康护理和精神慰藉等方面服务的一种养老方式，是我国近几年开始积极发展的养老方式。它是对传统家庭养老模式的补充和更新，是我国建立养老服务体系的重要内容。

　　这三种主流养老住区产品模式在政府的支持及养老运营机构的大力发展下，可以有多种规划格局，既可以分开独立建设，也可以合并在一起来规划和运营。充分利用先进的 IOT 物联网技术可以将求助报警技术和无线传感网络技术结合起来，设计出全新的 IOT 物联网养老看护系统；将原来的传统有线求助电话报警式的系统发展成无线可移动的求助报警检测体系，充分发挥现代信息技术、无线传感技术、识别技术、风险评估技术的创新突破能力，做出有利于养老服务各项要素组合优化、资源合理配置的决策，提高养老服务运行的质量和效率，取得更好的社会效益和经济效益。养老看护服务需求具有广泛的社会性，其网络化、信息化、智能化是我国养老事业发展的必然之路。

6.1　养老住区照护系统方向

　　养老住区照护系统的方案是指通过 IP 可视对讲系统智能终端及云平台，为在住区养老的老人提供智慧看护服务的智能系统。借助于先进的控制终端、传感器、可穿戴设备及云计算、大数据和物联网技术，有效整合医疗、健康等线下服务机构，建立涵盖智慧养老看护、智慧养老服务、移动互联网服务 APP 在内的智慧养老模式，让老年人生活在安全的环境中，享受健康、安全、快乐的生活等各类服务。有了养老住区养老照护系统，老年人不会因为独自在家而感到孤独，老年人有异常情况也不再担心无人知晓，子女们也可以实时了解到老人的生活情况、健康状况，是符合国情的主要养老选择，也是养老住区养老照护系统发展的方向。

6.1.1 养老住区照护系统架构

6.1.1.1 养老住区园区系统架构

养老住区照护系统以电话网络搭建系统平台，以电话线、网线为传输介质，并通过运营商的电话网络或搭建好的局域网连接住户家中的室内智能终端和居家养老服务商的养老服务器平台等共同组成居家养老看护的系统，为住区内的老人提供安全照护呼叫、居家生活照料等服务。

6.1.1.2 养老住区室内系统架构

以室内智能终端为基础，通过总线传输技术和无线 RF 传输技术将各种传感器、可穿戴设备、家用电器、健康检测设备、手机 APP 等设备连接起来，实现智能控制、智能求助、安防报警、空间定位、健康数据管理、亲情互动等功能。

6.1.2 安防报警及紧急求助服务

1. 安防报警服务

安防报警服务由居家室内终端和各种用途的安防探测器组成。探测器有探测非法从周界窗户侵入的幕帘红外探测器、探测室内人体移动的被动红外探测器、可燃气体泄漏探测器、窗磁探测器以及烟雾探测器等，当险情发生时可以及时发出声、光报警。若发生紧急异常情况时，如有人近身袭击、突发病情、出现险情、伤情等需要紧急求助时，可以通过触发紧急按钮实现及时报警、求援，用户端可以准时、精确地通过传输网络将报警信息传送到管理中心，从而构成一整套家庭安全防范网络，以防入室盗窃、入室抢劫等犯罪行为的发生，实现灾情或紧急求救的及时告急。小区设有报警中心，有专职保安人员处警和救急（图 6-1-1）。

2. 紧急救助服务

紧急救助服务由老人手腕佩戴的紧急求助手环、老人意外跌倒求助手环、居家拉绳报警求助器、居家紧急报警求助器、老人起夜床垫求助器、老人随身移动照护电话以及居家照护电话或居家室内终端等设备联合组成，为老年人的居家生活提供全方位的照护救助。居家老人特色救助服务系统，还能实现 GPS 定位老人方位，并可实现拨打电话、呼叫话务中心或向子女、亲朋好友寻求照护救助服务，支持电信、联通、移动三大运营商，也可使用

IP 电话、PSTN 电话等求助方式，实时掌握老人的居家生活状态，为老人提供专业的照护救助服务（图 6-1-2）。

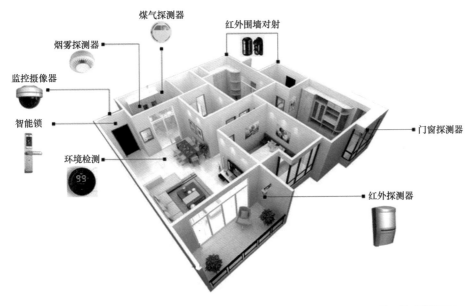

图 6-1-1　安防报警服务

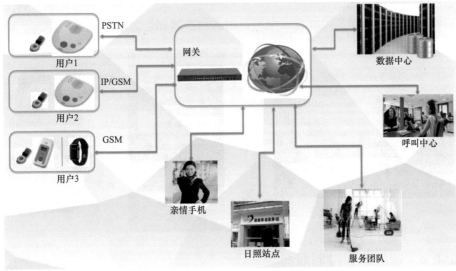

图 6-1-2　紧急救助服务

6.1.3　可视对讲及门禁控制服务

1. 可视对讲服务

门口主机或小门口机可主动呼叫室内终端，当室内终端接收到呼叫信息后，可按接听键实现双方可视对讲，实现与访客视频沟通和信息确认。室内终端可主动监视门口主机、小门口机，查看当前主机捕捉到的影像，并可主动与当前主机进行视频通话，足不出户知晓家庭周边动态（图 6-1-3）。

图 6-1-3 可视对讲服务

2. 门禁控制服务

门口主机与室内终端进行通话时，住户确认来访者身份后，可以远程开启门禁电锁。系统还可以通过门口主机的密码、IC 卡识别、人脸识别、指纹识别、二维码识别等门禁技术来进行出入口控制和管理（图 6-1-4）。

社区出入口

人脸识别镜头

二维码识别

图 6-1-4 门禁控制服务

6.1.4 智能家居控制服务

室内终端可作为一个家庭智能控制系统的操作终端，为所有与应用有关的舒适、节能、安全、通信和控制提供了完美的解决方案。系统还可以通过移动电话、移动智能终端以及计算机通过本地局域网络或互联网网络控制智能家居系统。

1. 灯光控制服务

室内终端对常用的日光灯、卤素灯、LED 灯等均能实现一对一的控制，并且可以调节灯光的亮度，完美搭配我们的日常生活氛围（图 6-1-5）。

图 6-1-5　灯光控制服务

2. 窗帘控制服务

室内终端可实现对窗帘、窗纱、百叶窗单开和双开的控制，并且还提供两种可选的操作模式，分别是安全模式和常规模式。安全模式可实现点动控制窗帘、窗纱的开合；常规模式可实现连动控制窗帘、窗纱的开合，完美搭配满足我们的操作习惯。

3. 背景音乐控制服务

通过外部设备的不同音源，不同区域可播放不同音乐，如娱乐区、读书区、客厅等，每个区域可独立控制，包括音源选择、音量调节、节目切换等，可实现本地控制、区域控制、场景组合控制、触摸屏控制、远程遥控等多种控制方式，所有扬声器也可作为家庭广播实现广播呼叫功能（图 6-1-6）。

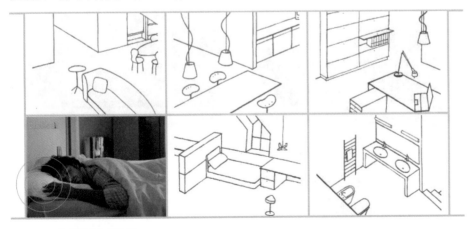

图 6-1-6　背景音乐控制服务

4. 空调控制服务

住户可在室内终端的空调控制界面上，查看到所有空调的当前状态，直接操作控制空调的打开、关闭、模式属性等，并提供对单个空调的单独控制，可主动监测室内温度、湿度、空气质量，为保障老年人的身体健康提供舒适的环境（图 6-1-7）。

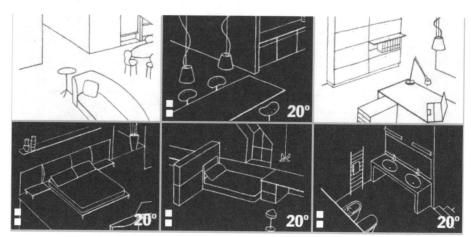

图 6-1-7　空调控制服务

5. 场景控制服务

可根据需要，将灯光、窗帘、空调等家用电器设备组合成会客、就餐、聚会、休息和起夜等不同的场景，只需点击一个图标，就可以使所有的设备进入预先设定的状态（图 6-1-8）。

休闲

家庭影院

晚餐

聚会

图 6-1-8　场景控制服务

6.1.5　APP 远程照护服务

1. 移动 APP 控制服务

通过手机 APP 可对智能家居系统里所有的居家生活电器设备进行控制，智能家居系统还可提供完整的延伸服务，如允许用户随时远程去管理智能家居系统，以不同的方式通信，如用电脑连接 internet 网络、掌上电脑和电话

（固定和移动）。

2. 移动 APP 亲情互动服务

子女可以通过 APP 实时了解老人的生活状态、健康状况，和老人随时进行亲情互动，给居家的老人在生活上提供无微不至的关怀（图 6-1-9）。

图 6-1-9　移动 APP 亲情互动服务

6.1.6　医疗服务

照护系统可与医疗运营服务系统及住区医疗服务系统联接，为居家老人提供上门访视、家庭出诊、家庭护理、家庭病床、电话咨询和家庭康复指导，还可提供高血压、糖尿病防治为主的慢性病防治等公共卫生服务，为居民免费建立健康档案，提供远程挂号、门诊预约、床位预约、检查预约、治疗预约、手术预约等医疗服务。同时，实现区域内网格化与数据联动，实现健康管理的协调、反馈、统筹、跟踪、预警和干预（图 6-1-10）。

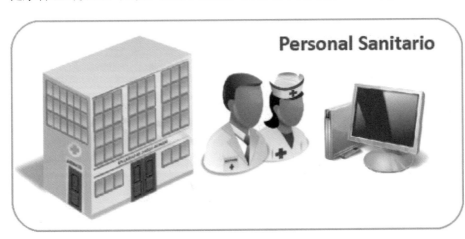

图 6-1-10　医疗服务

6.1.7 住区综合服务

1. 住区家政服务

老人可通过室内终端或手机 APP 访问住区服务中心,可预约保洁、搬家、陪护、聊天和保健等服务(图 6-1-11)。

图 6-1-11 住区家政服务

2. 住区商业服务

老人可通过室内终端或手机 APP 访问住区的线上商业门店,享受订餐、购物等快捷服务。

3. 老人安全定位服务

系统支持 GPS 定位的功能,老年人出门在外,如遇突发状况,均可通过穿戴求助设备上的求救按钮寻求求助,可实现拨打急救中心或小区管理中心的电话进行求救,并以短信的方式发送老人当前的位置信息给小区管理中心,短信包含经度、纬度信息。住区服务中心平台接收到定位信息后立刻在后台地图解析出老人的具体位置,并发送位置信息给住户端,实现住区、急救中心、服务中心多重救助方式,保障老人的人身财产安全(图 6-1-12)。

图 6-1-12 住区定位服务

6.1.8　系统设计

6.1.8.1　住户室内设计

在住户客厅的位置可放置一台居家智能呼叫终端，也可根据需求在房间内的不同地点放置多台智能呼叫终端，智能呼叫终端可采用 TCP/IP、SIM卡、电话网络等多种传输方式，通过光纤组网传输或运营商网络统一汇聚于居家服务中心的管理平台中。另外，室内可配备老人照护设备，如跌倒求助手环、移动紧急求助手环、拉绳求助器、紧急按键求助器、床垫求助器、水浸探测器、照护电话、老人随身携带的照护电话等，为老人的生活提供安全照护。

1. 跌倒求助手环

跌倒求助手环内置重力加速度感应器，可主动监测，判断老人跌倒事态的发生，并主动发出紧急求救信号，寻求救助（图 6-1-13）。

2. 移动紧急求助手环

当老人遇到紧急情况时，可主动按压手环报警按钮寻求及时救助。

3. 拉绳求助器

该设备可安装于浴室附近，以防老人洗浴时突发滑倒，无法起身，可通过拉取拉绳寻求救助。

4. 紧急按钮求助器

该设备可安装于马桶旁边，老人便后，起立时易引发高血压，紧急按钮求助器方便老人及时求救（图 6-1-14）。

图 6-1-13　移动紧急求助手环（左）

图 6-1-14　拉绳求助器（右）

5. 智能床垫

床垫可放置于老人床上，平时老人睡觉时压在床垫求助器上，一旦老人起夜遇到突发危险而无法返回时，一定时间后床垫求助器自动发出求救信号，信号发出的时间可以根据实际情况人为设定和修改（图6-1-15）。

图 6-1-15 智能床垫

6. 水浸探测器

探测器安装于厨房或卫生间易漏水处，遇水即发出报警信号，寻求即时处理。

7. 老人随身携带救护电话

救护电话可实现 GPS 定位也可拨打电话，老人外出遇到危险时可与子女或救助话务中心通话，并发送 GPS 定位坐标给他们，及时对老人进行救助。

6.1.8.2 住区服务中心处设计

服务中心处放置一台服务器（实现数据的综合管理和 Internet 服务），安装居家服务平台软件、CISCO IP 电话。实现用户和服务中心双向呼叫、医疗服务、生活服务及慢性病管理等功能，实现对各个居家老人的远程照护和陪伴，服务中心可对服务数据进行管理和统计（图6-1-16）。

图 6-1-16 住区服务中心处

6.2　CB护理公寓型养老住区照护系统方向

CB 型养老照护系统的方案是指通过采用有线或无线的智能呼叫器和呼叫管理系统平台为养老、护理公寓内居住的老人提供智慧看护服务的智能系统。借助于先进的控制终端、可穿戴设备、移动护理端等，为老人提供全方位的照护服务。

6.2.1　护理公寓养老照护系统的架构

6.2.1.1　护理公寓的系统架构

护理公寓养老系统整体采用无线信号传输，并结合 RFID 射频技术，实现数据信息的快速、高效、稳定交换和综合管理。整个系统由求助端接入设备、信号放大传输设备、信息端管理设备和综合警情管理平台组成（6-2-1）。

（1）求助端接入设备：无线拉绳求助器、无线按钮求助器、无线手环求助器、无线近位器等。

（2）信号放大传输设备信号放大器实现无线信号的放大转发。

（3）信息端管理设备：护士便携式手持终端，实现对老年人的贴身照护和整个系统的分区照护。

（4）综合信息管理平台：实现对整个系统的求助信息的综合管理。

包括求助信息的处理过程、处理结果、处理人员、时间信息等，并可形成报表供导出打印，实现数据存档。

图 6-2-1　护理公寓的系统架构

6.2.1.2 护理公寓室内的系统架构

在室内布置求助端接入设备,如用于卫生间或客厅的紧急拉绳求助设备,可以供老人触发报警和护理员管理房间状态的多功能呼叫设备,用于探测老人活动状态的运动探测器及各种智能穿戴设备,实现对老人的全天候、全方位照护。

6.2.2 起居照护服务

按键求助报警器可安装于马桶旁边,当老人在使用马桶的过程中遇到一些突发情况时(如在起立的过程中突然血压高或者上完洗手间时需要人搀扶等),老人可通过触发按钮求助器实现一键报警,为老人提供便捷的照护服务。浴室和老年人活动客厅可安装按键或拉绳求助器,其目的一:可通过触发其红色报警按钮主动寻求帮助。其二:为老年人遇到突发状况摔倒,无力爬起时,尤其是在浴室洗浴由于地滑不慎摔倒的情况下,老人可通过其红色拉绳实现求助报警,为老人提供贴心的安全照护。

其警情可传送至护士手持管理终端机,警情会同步显示警情发生的位置、时间、类型,提示护士提供快速、有效的救助服务,警情还可传送至报警中心管理平台,集中记录、管理各类警情的发生、处理情况。

6.2.3 厨房照护服务

专业的养老护理公寓,尤其是提供高端服务的护理院,配套设施相对齐全,其中就包括有独立的厨房(自理型老人),在厨房可安装水浸探测器、瓦斯探测器和烟感探测器,实现对烹饪生活的安全看护。

水浸探测器:可监测水浸情况,当有水渗入时主动发出警告信号,提醒做好防水或用水安全,可安装于易渗水处或地面。

天然气探测器:可监测厨房天然气的泄露情况,一旦有煤气泄漏时发出报警信息,提醒人员及时处理,为老人的生命安全提供保障,可安装于煤气出气口附近。

烟感探测器:监测厨房、房间是否发生火灾危险,一旦监测到有火灾烟雾便发出报警信号,保障老人的生命、财产安全。

其警情可传送至护士手持管理终端机和报警中心管理平台实现警情的综合管理。

6.2.4 灯控警示服务

房间门口的红灯和绿灯分别可作为警情发生及处理过程的警示。当老年人需要帮助时可触发房间内的报警设备发出警情,此时立即激活门灯控制单元,红灯亮,代表此房间有警情发生。当护士到场处理警情时,绿灯亮,代表此房间的警情正在处理中，一旦警情处理完成，红灯和绿灯同时熄灭，代表整个事件处理结束，其严谨的逻辑处理提示流程为老年人护理提供了专业的保障（图 6-2-2）。

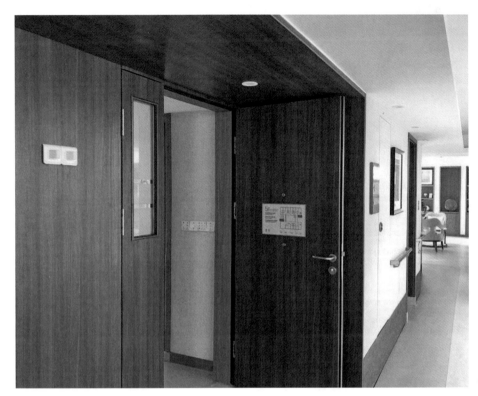

图 6-2-2　灯控警示服务

6.2.5　起夜照看服务

床垫传感器可感应老年人的离床、入床的状态，并可根据对应老人的生活状况合理设定离床报警时间。那么一旦老人晚上离开床位超过设定的时间，床垫传感器会立即发出报警信号，警示护士该房间的老人需要救助服务，需及时安排人员到场处理，以防老人遇到一些突发性状况需要人员救助时而无人知晓或得不到及时的照护。床垫传感器设备可为老年人的生活安全提供可靠服务。

6.2.6　便携式呼叫服务

老人可佩戴便携式报警手环实现移动照护服务，老人在楼层间任一地方活动时，如遇突发性状况，均可激发所佩戴的手环实现随时随处的报警求助。

6.2.7　移动警情管理

护士手持移动终端设备可接收各类报警信号，并详细显示警情发生的时

图 6-2-3 移动
警情管理

间、房间号、报警设备、报警类型等信息，方便护士人员的及时到场救援，并做记录存储，可供随时调阅，另当接收到多条警情时可循环显示警情（图 6-2-3）。

6.2.8 系统设计

6.2.8.1 护理公寓楼栋出入口设计

在养老护理公寓各个平层的主要出入口位置可设置定位系统，实现老年人移动的平层定位，在老人经过定位设备后，后端便可随时捕捉到对应老人的位置信息，知道老人去了哪一层，在哪一通道内，一旦老年人在所在区域发生突发性状况，护理人员便可及时赶到老人所在楼层，找到老人所处位置，对老人进行救助（图 6-2-4）。

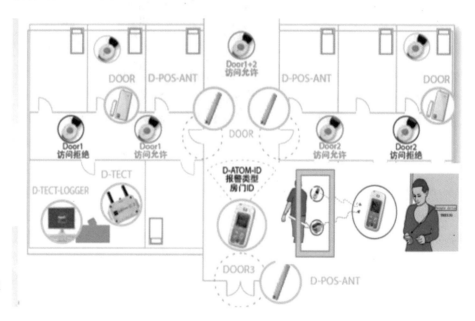

图 6-2-4 定位
系统

6.2.8.2 护理公寓室内设计

在每户的入口处设置门磁感应器，与老人手上戴的便携式求助手环联动实现近距离感应开门。

在每户的客厅位置设置按键或拉绳求助器，方便老人在客厅活动遇到意外时及时求助。

在卧室床头位置设置多功能求助器，方便老人在卧床休息期间发生意外时寻求帮助，同时在床上放置床垫感应器，一旦老人晚间离床（如上洗手间）遇到突发危险时可自动发出求救信号，寻求及时的救助，谨防发生老人遇到危险而无人救助造成的严重事故（图 6-2-5）。

在各洗手间马桶处放置按钮或拉绳求助器方便老人如厕时寻求服务。

在洗浴处放置按钮或拉绳求助器，方便老人洗浴滑倒等事故发生时寻求救助。同样在阳台活动区域也应放置按键或拉绳求助器为老人服务。

为行动不便的老人佩戴跌倒手环，一旦老人摔倒无法动弹时自动发出求救信号寻求专业的救助。

红外运动探测器可监测到老人的运动状态，可安装于老人常活动的区域（如客厅、卫生间），当监测到老人长时间不在此区域活动时，及时发出警示信息，通知服务人员到场探访，谨防意外事故发生（图 6-2-6）。

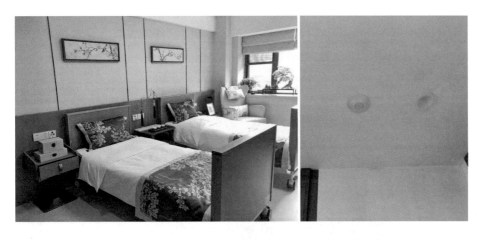

图 6-2-5　按钮及拉绳求助器（左）

图 6-2-6　红外运动探测仪（右）

1. 跌倒求助手环

跌倒求助手环内置重力加速度感应器，可主动监测，判断老人跌倒事态的发生，并主动发出紧急求救信号，寻求救助。

2. 移动紧急求助手环

当老人遇到紧急事故时，可主动按压手环报警按钮寻求及时救助。

3. 拉绳求助器

该设备可安装于浴室附近，以防老人洗浴时突发滑倒，无法起身，可通过拉取拉绳寻求救助。

4. 紧急按钮求助器

紧急按钮求助器可安装于马桶旁边，老人内急下蹲，起立时易引发高血压，该设备方便老人及时求救。

5. 床垫求助器

床垫可放置于老人床上，平时老人睡觉时压在床垫求助器上，一旦老人起夜遇到突发危险而无法返回时，一定时间后床垫求助器自动发出求救信号为老人寻求救助，求助信号发出的时间可以根据实际情况人为设定、修改。

6. 红外运动探测器

该设备可安装于客厅或洗手间上端墙壁上，它呈扇形监测区域面积，可监测老人长时间不在此区域活动时主动发出求救信号，寻求救助，以防老人在未知区域发生事故而无人知晓或得不到及时的救护。

7. 多功能求助器

可发送老人寻求服务的求助信号，同时也可对服务人员的到场服务情况进行监督管理，且有三个按键：黄色、绿色、红色，黄色代表护士到场正在为老人服务，红色代表事故严重需主任医师到场护理，绿色代表整个护理过程结束。

6.2.8.3 护理公寓公共区域设计

在公共走廊处设置拉绳求助设备、按钮求助设备，方便老年人在走廊处活动遇到突发状况时通过激活红色紧急求助按钮或拉取红色拉绳寻求紧急救助（图6-2-7）。

在平层的主要通道入口处可设置防走失定位系统，与便携式手环配套使用，一旦老人进入此通道区域，就会向手持护士机和综合管理平台发送警示信号，提醒管理人员此老人已经进入了此编号区域，如老人在此遇到紧急情况需要救助时，护理人员便可有目的地赶往此处对老人进行救助（图6-2-8）。

图 6-2-7 拉绳求助器（左）

图 6-2-8 按钮求助器（右）

在公共浴室、公共卫生间、公共活动区和餐厅配置按键或拉绳求助器，老人既可以触发其红色按钮寻求救助，也可通过触发其红色拉绳寻求救助（图6-2-9）。

在护士站位置配置多台护士手持管理机，对各类报警信息进行管理，并提供及时到场、及时处理、及时汇报的管理服务工作（图6-2-10）。

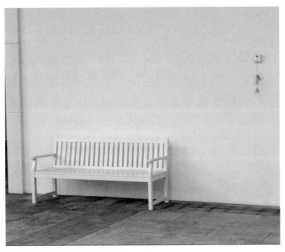
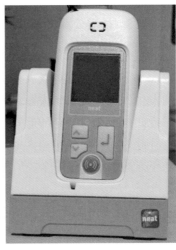

图 6-2-9　拉绳求助器（左）

图 6-2-10　手持管理机（右）

6.2.8.4　护理公寓服务中心处设计

　　服务中心处可放置一台 PC 管理中心机，布置呼叫管理显示屏，管理中心通过射频信号和前端设备相互连接，形成一套系统。实现呼叫求助、人员定位、失智看护以及对各类警情的综合管理，包括对报警的房间号、设备类型、警情类型、施救人员、警情处理情况等事件进行集中管理，并可形成数据报表，可导出备案，供后续报警事件查询，对服务改进可提供数据支撑（图 6-2-11）。

图 6-2-11　服务中心处

6.2.8.5 护理公寓出入口设计

在公寓人行、车辆等出入口处设计定位系统，并为活动障碍性老人佩戴感应手环，预防此类老人移动到此处突发意外状况，得不到及时救助等事故的发生。尤其是对于失智老人，可为其佩戴专业的失智手环，一旦失智老人靠近此出入口时，立即通知后台管理人员，及时前往出入口，带领失智老人离开此处，谨防失智老人走出公寓，造成养老公寓的人员丢失等事故，保障老年人的生活区域安全。

6.3 养老住区居家养老照护系统方向

养老住区居家养老照护系统的方案是指通过 IP 可视对讲系统智能终端及云平台，为护理公寓居住的老人提供看护服务的智能系统。借助于先进的控制终端、传感器、可穿戴设备及云计算、大数据和物联网技术，有效整合医疗、健康等线下服务机构，建立涵盖智慧养老看护、智慧养老服务、移动互联网服务 APP 在内的智慧养老模式，让老年人生活在熟悉的家庭环境中，便于接受家庭各亲属成员对其晚年生活的照顾，享受健康、安全、快乐的生活。有了养老住区居家养老照护系统，老年人不会因为独自在家而感到孤独，老人有异常情况不再担心无法及时得到救助，子女们也可以实时了解到老人的生活情况、健康状况，这是符合国情的主要养老选择，也是养老住区照护系统发展的方向（图 6-3-1）。

图 6-3-1 养老住区

6.3.1　养老住区居家养老照护系统架构

6.3.1.1　养老住区居家养老的系统架构

养老住区的居家养老系统以居住区的园区局域网为系统平台，以光纤和超五类网线为传输介质，并通过网络交换机汇聚各栋楼的智能化设备、小区的管理中心、小区的公共门口机、室内智能终端以及其他互联网设备等共同组成养老住区的看护系统，实现社区对讲、智慧照护、智能控制、住区生活服务等功能（图 6-3-2）。

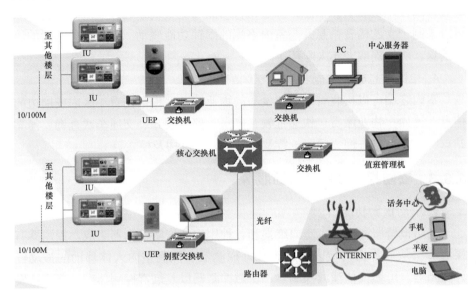

图 6-3-2　养老住区居家养老的系统构架

6.3.1.2　居住区养老室内系统架构

以室内智能终端为基础，通过总线传输技术和无线 RF 传输技术将各种传感器、可穿戴设备、家用电器、健康检测设备、手机 APP 等设备连接起来，实现智能控制、智能求助、安防报警、空间定位、健康数据管理、亲情互动等功能。

6.3.2　可视对讲及门禁控制服务

1. 可视对讲功能

围墙门口主机、单元门口主机、小门口机、管理中心机等可主动呼叫室内终端，当室内终端接收到呼叫信息后，可按接听键实现双向可视对讲。围墙门口主机及单元门口主机也可呼叫管理中心机，实现与访客视频沟通和信息确认。室内终端可主动监视围墙门主机、单元门主机、小门口机，查看当前主机捕捉到的影像，并可主动与当前主机进行视频通话。室内终端可主动监视小区内部的摄像机所捕捉到的小区影像，足不出户知晓小区周边动态。

2. 门禁控制功能

门口主机与室内终端进行通话时，住户确认来访者身份后，可以远程开启电锁。系统还可以通过门口主机的密码、IC卡识别、人脸识别、指纹识别、二维码识别等门禁技术来进行出入口控制和管理。

3. 留影留言功能

室内终端可设定多种接听模式，当住户不在家时，可设置为留影留言的方式接听，当有呼叫呼入时就可记录访客的照片和语音信息，住户回家后系统会提示住户去收听该信息，并且留言功能还能实现家庭成员之间留言，如可以录制子女的语音信息并与室内终端的闹钟功能联动，到点播放子女的语音信息，例如提醒老年人吃药等。

4. 便民信息服务功能

室内终端可以接收管理中心发送的物业信息，也可查看小区内或周边的信息，比如：物业缴费、快递催领、停水、停电通知、交通车次查询、停靠站点、医疗信息查询、餐厅位置及类型、教育机构及模式等。

6.3.3 安防报警及紧急求助服务

1. 安防报警功能

安防报警服务由居家室内终端和各种用途的安防探测器组成。探测器有探测非法从周界窗户侵入的幕帘红外探测器、探测室内人体移动的被动红外探测器、可燃气体泄漏探测器、窗磁探测器以及烟雾探测器等，当险情发生时可以及时发出声、光报警。发现异常情况时，如有人近身袭击、突发病情、出现险情、伤情等需要紧急救助时，可以通过触发紧急按钮实现及时报警，用户端将准时、精确地通过网络将报警信息传送到管理中心，从而构成一整套家庭安全防范网络。以防入室盗窃、入室抢劫等犯罪行为的发生，实现灾情或紧急求救的及时告警。小区设有报警中心，有专职保安人员及时处警。

2. 紧急求助功能

紧急救助功能由老人手腕佩戴紧急求助手环、老人意外跌倒求助手环、居家拉绳报警求助器、居家紧急报警器求助器、老人起夜床垫求助器、老人随身移动照护电话以及居家照护电话或居家室内终端等设备组成，为老年人的居家生活提供全方位的照护救助。居家老人特色救助服务系统还能实现GPS定位，并可实现拨打电话、呼叫话务中心或向子女、亲朋好友寻求照护救助服务，支持电信、联通、移动三大运营商，也可使用IP电话、PSTN电话等求助方式，实时掌握老人的居家生活状态，为老人提供专业的照护救助服务。

3. 被动救助报警功能

探测器可以主动跟踪记录老人日常生活的饮食起居规律、空间活动的频次，一旦出现异常，系统将发送求助信号到运营中心和子女手机 APP 上。

6.3.4　智能家居控制服务

室内终端可作为一个家庭智能化控制系统的操作终端，为所有与应用有关的舒适、节能、安全、通信和控制提供了完美的解决方案。系统还可以通过移动电话、移动智能终端以及计算机，通过本地局域网络或互联网网络控制智能家居系统。

1. 灯光控制服务

室内终端对常用的日光灯、卤素灯、LED 灯等均能实现一对一的控制，还可以调节灯光的亮度，完美搭配我们的日常生活氛围。

2. 窗帘控制服务

室内终端可实现对窗帘、窗纱、百叶窗单开和双开的控制，并且还提供两种可选的操作模式，分别是安全模式和常规模式。安全模式可实现点动控制窗帘、窗纱的开合；常规模式可实现连动控制窗帘、窗纱的开合，完美搭配满足我们的操作习惯。

3. 背景音乐控制服务

通过外部设备的不同音源，不同区域可播放不同音乐，如娱乐区、读书区、客厅等，每个区域可独立控制，包括音源选择、音量调节、节目切换等，可实现本地控制、区域控制、场景组合控制、触摸屏控制、远程遥控等多种控制方式，所有扬声器也可作为家庭广播实现广播呼叫功能。

4. 空调控制服务

住户可在室内终端的空调控制界面上，查看到所有空调的当前状态，直接操作控制空调的打开、关闭、模式属性等，并提供对单个空调的单独控制，可主动监测室内温度，湿度，空气质量，为保障老年人的身体健康提供舒适的环境。

5. 场景控制服务

可根据需要，将灯光、窗帘、空调，家用电器等设备组合成会客、就餐、聚会、休息和起夜等不同的场景，只需点击一个图标，就可以使所有的设备进入预先设定的状态。

6. 移动 APP 控制服务

通过手机 APP 可对智能家居系统里所有的居家生活电器设备进行控制。智能家居系统还可提供完整的延伸服务，如允许用户随时远程管理智能家居系统，以不同的方式通信，如用电脑连接 Internet 网络、掌上电脑和电话（固定和移动）。

7. 移动 APP 亲情互动服务

子女可以通过 APP 实时了解老人的生活状态、健康状况和老人随时进行亲情互动，为居家生活的老人提供无微不至的关怀。

6.3.5 健康和医疗服务

1. 医疗服务

系统可与医疗运营服务系统及社区医疗服务系统联接，为居家老人提供上门访视、家庭出诊、家庭护理、家庭病床、电话咨询和家庭康复指导，提供以高血压、糖尿病防治为主的慢性病防治等公共卫生服务，为居民免费建立健康档案，提供远程挂号、门诊预约、床位预约、检查预约、治疗预约、手术预约等服务。同时，实现区域内网格化与数据联动，实现健康管理的协调、反馈、统筹、跟踪、预警和干预。

2. 健康管理服务

系统可联接各种生理健康检测设备，也可与健康运营服务机构的设备联接，系统健康数据综合管理平台及室内终端可存储健康数据，医生可通过查看老年人的健康数据判断老年人的身体健康状态，并给出合理的建设性意见，指导老年人有效改善身体健康，提早预防老年人的慢性疾病的发生（图 6-3-3）。

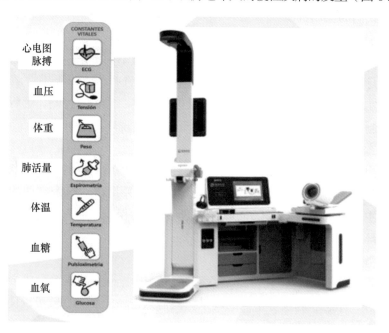

图 6-3-3　健康管理服务

6.3.6 住区综合服务

1. 住区家政服务

老人可通过室内终端或手机 APP 访问社区家政服务中心，可预约保洁、搬家、月嫂、陪护、聊天和保健等服务。

2. 住区商业服务

老人可通过室内终端或手机 APP 访问社区的线上商业门店，享受订餐、购物等快捷服务。

3. 老年活动召集服务

系统可发送老年活动信息给室内终端（比如：老年人晚会，老年人乐团活动，老年人话剧等），含活动的人员信息、地点、时间、主题、准备工作等；老年人还可通过室内终端互相呼叫通知、召集人员，尤其是好朋友之间相约一起出席，为社区之间、邻里之间提供无限的欢乐，保障老年的身心健康（图 6-3-4）。

图 6-3-4　老年活动召集服务

4. 社区定位服务

系统支持 GPS 老人安全定位和拨打电话的功能，老年人出门在外，如遇突发状况，如被绊倒，被抢劫或身体突发不适，均可通过可穿戴求助设备上的求救按钮寻求求助，可实现拨打急救中心或小区管理中心的电话，进行求救，并以短信的方式发送老人当前的位置信息给小区管理中心，短信包含经度、纬度信息。小区管理中心平台接收到定位信息后立刻在后台地图解析出老人的具体位置，并发送位置信息给住户端，实现小区、急救中心、住户家属等多重救助方式，保障老人的人身财产安全。

6.3.7　系统设计

6.3.7.1　住区出入口设计

在居住区的各出入口的位置可放置一台门口主机，也可根据需求在同一出口放置多台门口主机，所有门口主机均采用 TCP/IP 传输方式，通过光纤

组网传输，统一汇聚于管理中心处，可呼叫小区内的室内终端、管理中心机和PC管理中心，实现双向的可视对讲，并可接受室内终端和管理中心的监视，可设置个人开锁密码，业主可刷IC/ID卡及输入用户密码实现门禁开锁。

6.3.7.2　住区楼栋单元门口设计

在楼栋单元的各出入口的位置可放置一台门口主机，如果同一单元有多个出入口则每个出入口均应放置一台门口主机，所有门口主机均采用TCP/IP传输方式，通过CAT5E网线组网传输，统一汇聚于楼栋汇聚层交换机处，再由汇聚层交换机与管理中心处互联，可呼叫单元内的室内终端、管理中心机和PC管理中心，实现双向可视对讲，并可接受室内终端和管理中心的监视，可设置个人开锁密码，业主可刷IC/ID卡及输入用户密码实现门禁开锁（图6-3-5）。

图6-3-5　住区楼栋单元门口设计

6.3.7.3　住户单元室内设计

每户户内可安装一台智慧养老室内终端，但也可以一户配置多台养老室内终端，尤其对于别墅项目。室内终端应具有可视对讲、远程开锁、监视、户户通话、电梯控制以及智能家居、养老照护等功能。当室内发生警情时或老人需要救助时，室内终端可发出声光提示并及时将警情报至管理中心处和通知子女，确保警情能得到及时处理，老人得到及时的救助。

另外，室内可配备老人照护设备，如跌倒求助手环、移动紧急求助手环、拉绳求助器、紧急按钮求助器、床垫求助器、红外运动探测器、水浸探测器、老人随身携带的救护电话等，为老人的居家生活提供安全照护。

1. 跌倒求助手环

跌倒求助手环内置重力加速度感应器，可主动监测，判断老人跌倒事态的发生，并主动发出紧急求救信号，寻求救助。

2. 移动紧急求助手环

当老人遇到紧急情况时，可主动按压手环报警按钮寻求及时救助。

3. 拉绳求助器

该设备可安装于浴室附近，以防老人洗浴时突发滑倒，无法起身，可通过拉取拉绳寻求救助。

4. 紧急按钮求助器

该设备可安装于马桶旁边，老人便后，起立时高血压易引发，紧急按钮求助器方便老人及时求救。

5. 床垫求助器

床垫可放置于老人床上，平时老人睡觉时压在床垫求助器上，一旦老人起夜遇到突发危险而无法返回时，一定时间后床垫求助器自动发出求救信号，求助信号发出的时间可以根据实际情况人为设定、修改。

6. 水浸探测器

该设备可安装于厨房或卫生间易漏水处，遇水即发出报警信号，寻求即时处理。

7. 红外运动探测器

该设备可安装于客厅上端墙壁上，它呈扇形监测区域面积，一旦监测到老人长时间不在此区域活动时主动发出求救信号，寻求救助，以防老人在未知区域发生事故而无人知晓或得不到及时的救护。

8. 老人随身携带救护电话

救护电话可实现 GPS 定位也可拨打电话，一旦老人外出遇到危险时可与子女或救助话务中心通话，并发送 GPS 定位坐标，及时对老人进行救助。

6.3.7.4　居家养老服务中心处设计

服务中心处可放置一台管理中心机、一台 PC 管理中心以及一台服务器（实现数据的综合管理和 INTERNET 服务），根据需求也可放置多台管理中心机和 PC 管理中心，管理中心通过交换机与小区门口机、单元门口机和室内终端互联，形成一套局域网络。实现用户、各门口以及管理中心之间的呼叫、通话、报警、门禁等功能。管理中心也可对各大门的门口机、小区摄像头进行监视，实现对小区的全方位监控（图 6-3-6）。

图 6-3-6　服务中心处

129

6.3.7.5 门禁、梯控设计

各出入门口，包括各围墙门出入口主机、各单元门出入口主机匹配嵌入式门禁模块并与电锁联动，可从室内终端实现远程开锁、密码开锁、ID/IC刷卡开锁等。

各门口主机可与电梯通信，实现可视对讲系统的梯控功能（图 6-3-7）。

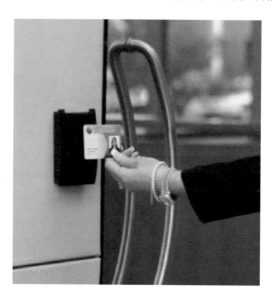

图 6-3-7　门禁、梯控

6.3.7.6 智能家居设计

采用灯具、窗帘、电机、音源、音响、功放、阀门、各种家用电器、环境探测器、稳定控制器、执行器、控制器等设备搭建智能家居系统，并以居家养老照护室内终端为控制终端实现场景控制、点对点控制、空调控制等多种功能。

第7章

养老住区产品全装修典型实例

7.1 CLRC长者复合社区

7.1.1 远洋·椿萱茂虹湾长者社区

1. 项目背景

远洋·椿萱茂（上海·虹湾）老年公寓项目位于上海市嘉定区黄家花园路 128 弄 1 号，南距京沪高速仅 500m，西距嘉闵高架及 2km，东距外环高速仅 2.5km，北距曹安公路仅 500m，距 13 号线金运路地铁站仅 1.4km，地铁 14 号线正在建设中。

2. 周边环境

项目周边 5km 半径范围内，公园绿地等景观资源丰富，包含多个高尔夫俱乐部及大小公园，区域内环境较好。

3. 医疗配套

项目紧邻江桥万达商圈，商业生活配套便利，周边医疗资源丰富，多家综合性医院可以满足住户健康救助等多方面的医疗需求；同时，南邻自然河道，优渥水景为长辈提供独特的滨河养老生活。

4. 项目概况

建设时间：2017 年 9 月 1 日开业；

建筑面积：24000m^2；

客房数量：220 户；

项目容量：地上 6 层地下 1 层，共 220 间，398 张床位。

5. 项目平面图

项目平面图见 7-1-1。

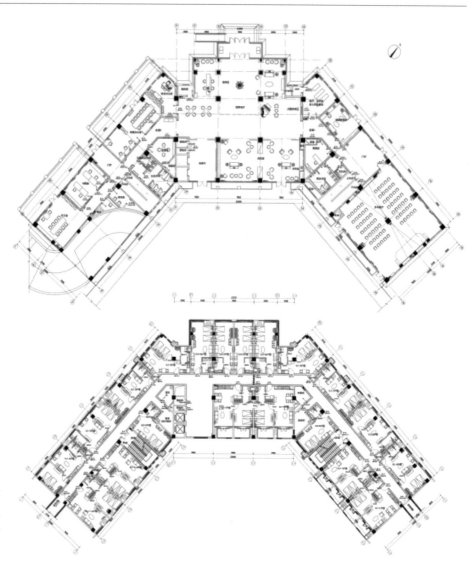

图 7-1-1 远洋椿萱茂虹湾长者社区项目平面图

6. 项目实景图

项目实景见图 7-1-2。

图 7-1-2 远洋椿萱茂虹湾长者社区项目实景图（一）

图 7-1-2　远洋椿萱茂虹湾长者社区项目实景图（二）

7.1.2　远洋·椿萱茂璟湾长者社区

1. 项目背景

项目地点坐落于天津市核心区河北区，交通便利，距火车站、机场均在30 分钟车程之内。

2. 周边环境

项目位于海河沿岸，拥揽无与伦比的海河美景，弧形的建筑群非常醒目，酷似中国吉祥物"如意"，颇有气势，是都市中难觅的世外桃源。隔河而望便是建于元代，与福建、台湾齐名的中国三大妈祖庙之——天后宫，袁世凯及冯国璋府邸等，仿若漫步于近代历史画卷中。项目位于原奥地利租界区，与原意大利租界区毗邻，原英国租界隔河遥望，各国风情建筑原汁原味呈现。

3. 医疗配套

周边医疗资源丰富，与项目距离最近的综合性三级甲等医院中国人民解放军第 254 医院 2.1km；距离天津市第四中心医院 2.5km，该医院为天津市"北部区域医疗中心"；5km 以内的三级甲等医院有 18 余所。

4. 项目概况

开业时间：2019 年 3 月 22 日开业；

建筑面积：28233m²；

客房数量：286 房间 /555 床位；

项目容量：地上 18 层地下 1 层，双人间 209 间，一居室 85 间，二居室 8 间。

5. 项目平面图

项目平面见图 7-1-3 ～图 7-1-8。

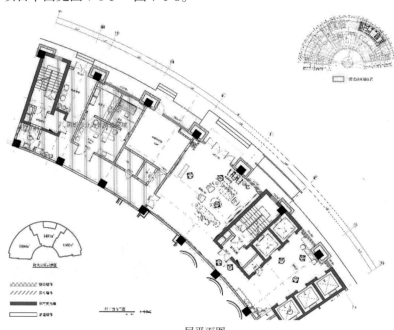

图 7-1-3 远洋·椿萱茂璟湾长春社区一层平面图

一层平面图

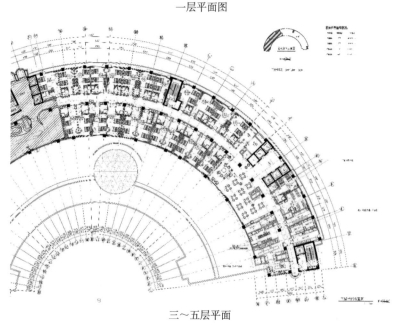

图 7-1-4 远洋·椿萱茂璟湾长春社区三～五层平面图

三～五层平面

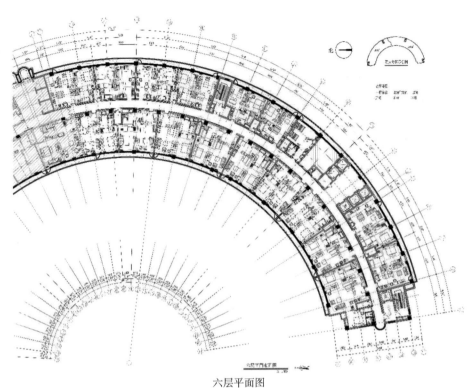

六层平面图

图 7-1-5　远洋·
椿萱茂璟湾长春
社区六层平面图

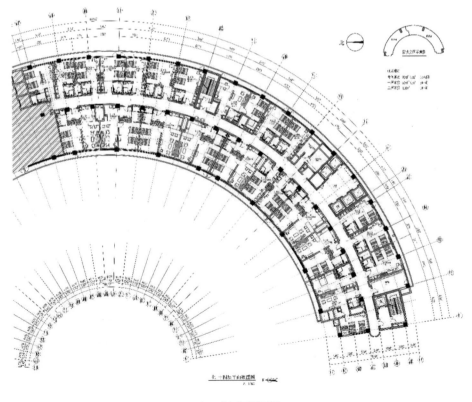

七～十四层平面图

图 7-1-6　远洋·
椿萱茂璟湾长春
社区七～十四层
平面图

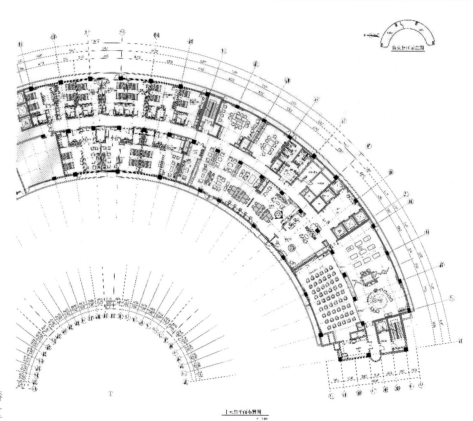

图 7-1-7 远洋·椿萱茂璟湾长春社区十五层平面图

十五层平面图

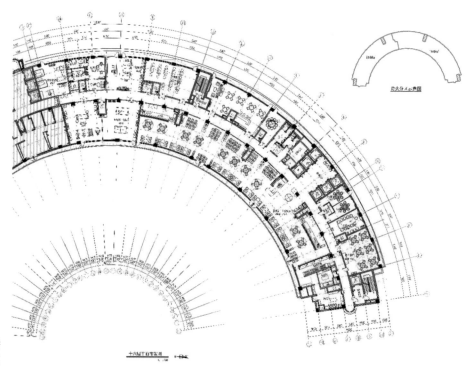

图 7-1-8 远洋·椿萱茂璟湾长者社区十六层平面图

十六层平面图

6. 客房、套房标准平面图

客房、套房标准平面见图 7-1-9。

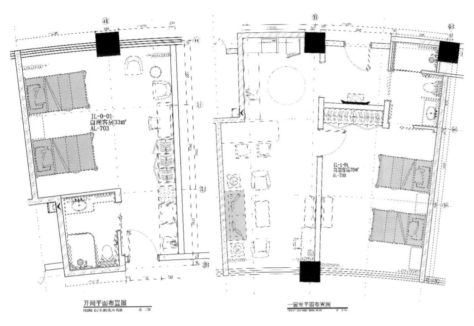

图 7-1-9　标准客房、套房平面

7. 项目效果图

项目效果见图 7-1-10、图 7-1-11。

图 7-1-10　远洋·椿萱茂璟湾长者社区项目公区效果图

图 7-1-11 远洋椿萱茂璟湾长者社区项目公寓区效果图

7.1.3 绿城桃李春风

1. 项目背景

绿城桃李春风位于杭州市临安市锦北街道科技大道，片区内主要是低密度的别墅项目，定位养老、度假，以 80 ~ 186m² 的极小别墅及富有传统中式特色的庭院设计而闻名，自身配套齐全，小区规划极具人性化，是高端居住区。距离临安市中心直线距离 10km 左右，距离杭州市中心 40km。

2. 周边环境

项目由于位于青山湖国家森林公园内，享有天然景观。

3. 项目概况

开业时间：2015 年；

建筑面积：260000m²。

4. 项目实景图

项目实景见图 7-1-12。

图 7-1-12 绿城桃李春风项目实景图（一）

图 7-1-12　绿城桃李春风项目实景图（二）

7.1.4　保利天悦和熹会颐养中心

1. 项目背景

保利天悦和熹会颐养中心位于广州琶洲，北临珠江。和熹会是保利养老机构的品牌，秉承"一份让您安心的亲情"的品牌理念，机构全力打造医养结合型长者颐养中心，以长者需求为核心，为长者提供个性化服务。通过国际化专业化护理服务，让长者拥有健康、快乐、有尊严的生活。

2. 周边环境

项目东邻成熟配套社区琶洲村及大型购物中心保利广场、万盛广场。南边毗邻新港东路，西边紧邻 30 万 m^2 琶洲塔公园，北邻天悦社区及美丽的珠江。地理位置优越，景观资源丰富，临近 4 号线及 8 号线交汇地铁万胜围站，十几条公交线路覆盖市区，有轨电车琶洲塔站至广州塔站。

3. 医疗配套

医疗配套齐全，快速通达多家三甲医院（广东省第二人民医院、解放军第七十四集团军医院、暨南大学第一附属医院），与中山大学孙逸仙医院战略合作，打通 24 小时绿色就医通道。建立中西医诊疗中心，提供远程医疗服务。

4. 项目概况

开业时间：2019 年 10 月试营业；

建筑面积：2.6 万 m^2；

客房数量：总房间数 246 间，床位数 409 张；

项目容量：自理型公寓房间数 176 间，床位数 276 张；

护理型公寓房间数 70 间，床位数 133 张。

5. 项目平面图

项目平面见图 7-1-13 ~图 7-1-15。

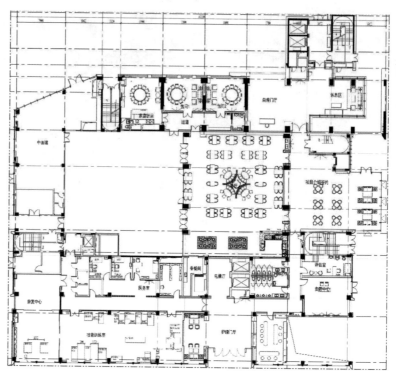

图 7-1-13 保利天悦和熹会颐养中心一层平面图

一层平面图

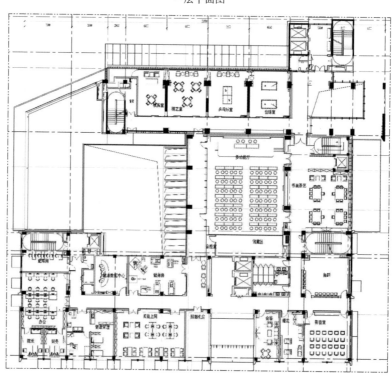

图 7-1-14 保利天悦和熹会颐养中心二层平面图

二层平面图

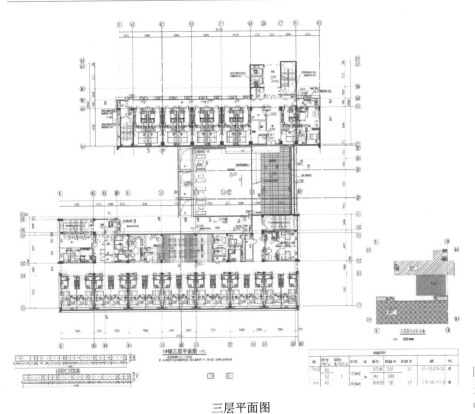

三层平面图

图 7-1-15　保利天悦和熹会颐养中心三层平面图

6. 项目实景图

项目实景见图 7-1-16。

图 7-1-16　保利天悦和熹会颐养中心实景图

7. 客房、套房标准平面图

客房、套房标准平面见图 7-1-17。

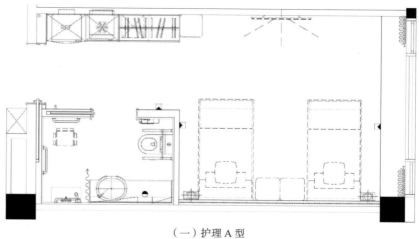

（一）护理 A 型

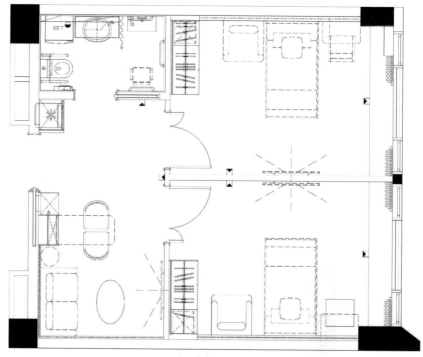

（二）护理 B 型

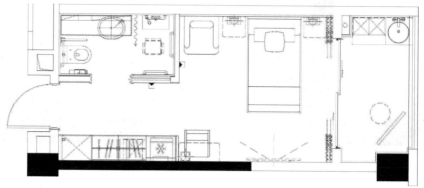

（三）自理 A 型

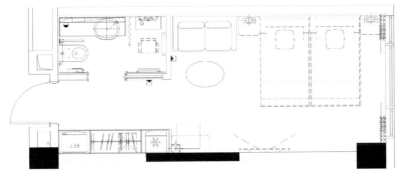

图 7-1-17　保利天悦和熹会颐养中心客房平面图

（四）自理 B 型

8. 公区及客房实景图

公区及客房实景见图 7-1-18。

图 7-1-18　保利天悦和熹会颐养中心客房实景图

7.2 CB协助护理型养老公寓

7.2.1 远洋·椿萱茂（北京·北苑）老年公寓项目

1. 项目背景

远洋·椿萱茂（北京·北苑）老年公寓项目位于北京市朝阳区北苑东路来春园小区 15 号楼，地处北五环北苑区域，西侧为奥北区域，东侧为望京区域。

2. 周边环境

项目周边 5km 半径范围内，公园绿地等景观资源丰富，包含多个高尔夫俱乐部及大小公园，区域内环境较好。

3. 医疗配套

项目距离北苑地铁站约 1km；距离北五环约 1.7km；周边有航空总医院（距离项目约 1.3km），中日友好医院、北医三院（距离项目约 9km），王府医院（距离项目约 4.5km），东苑中医院（距离项目约 500m）等多家综合型三甲医院。

4. 项目概况

开业时间：2016 年 12 月底开业；

建筑面积：10042m^2；

客房数量：170 户；

项目容量：地上 6 层地下 1 层，共 170 间，306 张床位。

5. 项目平面图项目平面见图 7-2-1

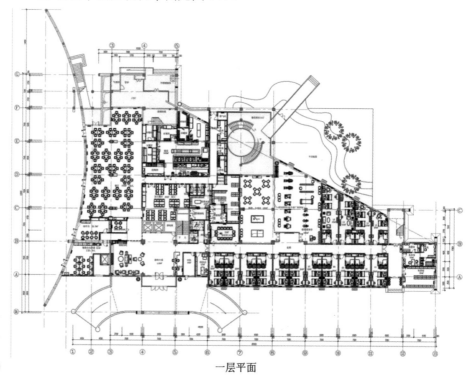

图 7-2-1 远洋椿萱茂北京北苑老年公寓项目平面图（一）

一层平面

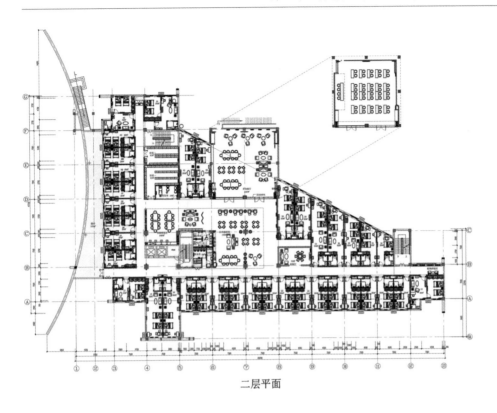

二层平面

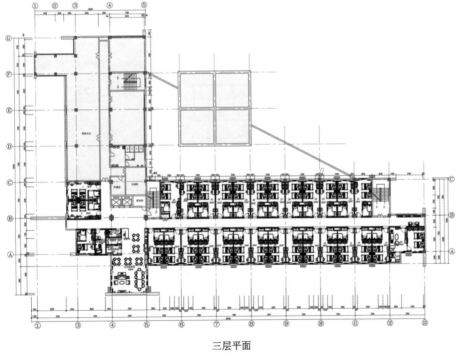

三层平面

图 7-2-1　远洋椿萱茂北京北苑老年公寓项目平面图（二）

6. 项目实景图

项目实景见图 7-2-2。

图 7-2-2 远洋椿萱茂北京北苑老年公寓项目实景图

7. 客房、套房标准平面图

客房、套房标准平面见图 7-2-3。

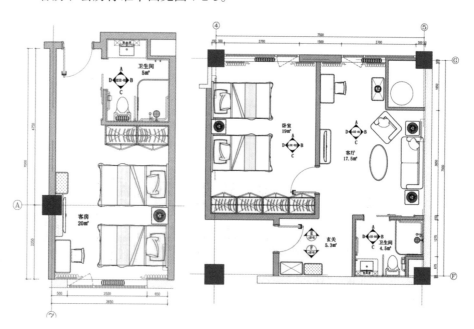

图 7-2-3 远洋椿萱茂北京北苑老年公寓项目客房平面图

8. 客房实景图

客房实景见图 7-2-4。

图 7-2-4　远洋椿萱茂北京北苑老年公寓项目客房实景图

7.2.2　远洋·椿萱茂（成都·中环北）老年公寓项目

1. 项目背景

项目位于成都市成华区双荆路 1 号泰业·北城广场 2 单元（B 座），紧邻川陕路和 2.5 环交汇处，处于城北商业副中心核心区域核心地段，紧邻绿水青龙超大商业综合体。

2. 周边环境

成都是一个很慵懒很巴适的城市，宽巷子代表了最成都、最市井的民间文化；原住民、龙堂客栈、精美的门头、梧桐树、街檐下的老茶馆……自古享有"天府之国"的美誉。项目紧邻昭觉寺，寺庙殿宇规模宏大，林木葱茏，为成都著名古刹之一。

项目周边地铁 3 条地铁线，10 余条公交线非常方便。毗邻泛悦城市广场、华润熙悦广场、成都动物园、海滨公园、升仙湖公园、凤凰山城市音乐公园、大熊猫繁育基地，同时项目在四、五层均自建花园，将美式养老与成都生活完美融合。

3. 医疗配套

公寓位于成华区，医疗交通便捷，距城北医院 200m、成华区第三人民医院 900m，临近军区总医院、第二人民医院、第三人民医院、五冶医院、四川地质医院、416 医院、成都大学附属医院等。

4. 项目概况

开业时间：2019 年 7 月开业。

建筑面积：总建筑面积 16238m²，使用区域为 1 层、4～18 层；其中，4 层为公共活动及餐厅；5～18 层作为长辈住所使用。

客房数量：201 间，398 张床位。

5. 项目平面图

项目平面见图 7-2-5。

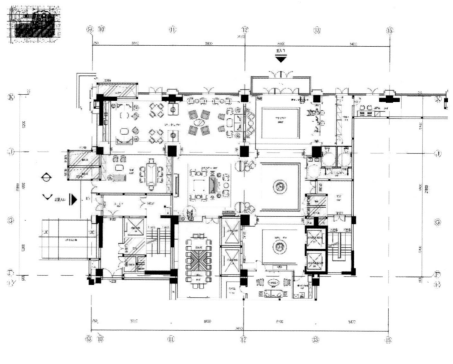

图 7-2-5 远洋椿萱茂成都中环北老年公寓项目平面图（一）

一层平面

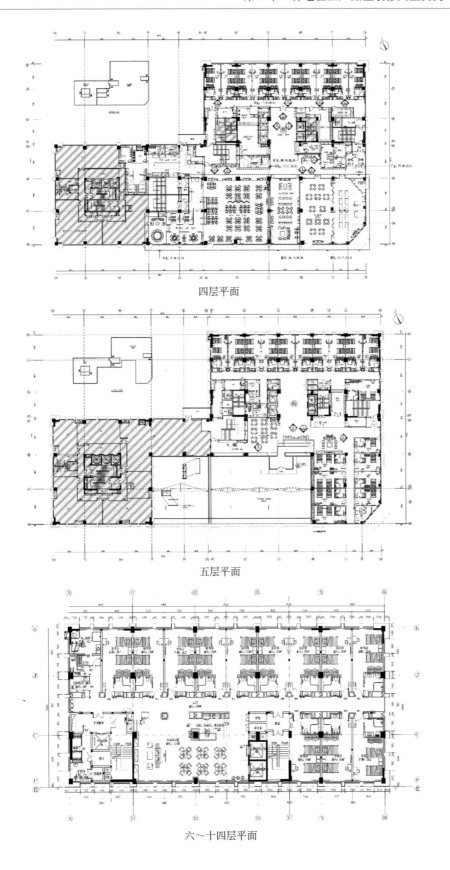

四层平面

五层平面

六～十四层平面

图 7-2-5　远洋椿萱茂成都中环北老年公寓项目平面图（二）

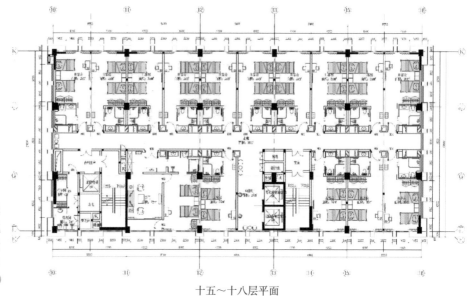

图 7-2-5 远洋椿萱茂成都中环北老年公寓项目平面图（三）

十五～十八层平面

6. 客房、套房标准户型平面图

客房、套房标准户型平面见图 7-2-6。

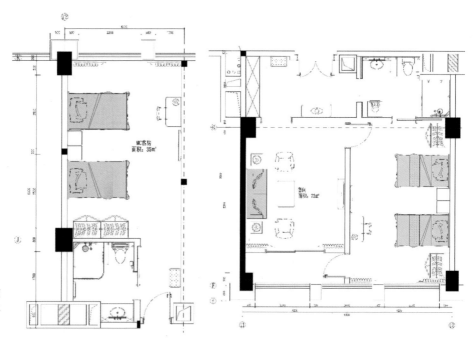

图 7-2-6 标准客房、套房平面

7. 项目实景、效果图

项目实景、效果见图 7-2-7、图 7-2-8。

图 7-2-7 远洋椿萱茂成都中环北老年公寓公区实景图

图 7-2-8 远洋椿萱茂成都中环北老年公寓效果图

7.2.3 亲和源·康桥爱养之家

1. 项目背景

亲和源·康桥爱养之家老年公寓项目位于上海浦东康桥秀沿路 1670 弄 6 号。

2. 周边环境

项目东侧和北侧为自然河道，生态环境优美，裙房 2 层有 1100m² 屋顶花园，紧邻幼儿园、小学、中学。项目距离 11 号线秀沿路地铁站约 1km，距离沪奉高速 800m，半径 1.5km 内有大型超市、医院、商业街等丰富生活配套。

3. 项目概况

开业时间：2016 年 10 月开业。

建筑面积：总建筑面积 18494.35m²，其中地上 14353.66m²，地下 4140m²。

客房数量：客房 177 间，其中公寓单元 126 套，单人护理 10 间，失能护理 8 间，失智照护单元 31 间，关怀用房 2 间。

项目容量：地上 10 层地下 1 层，共 177 间，317 张床位。

4. 项目平面图

项目平面见图 7-2-9。

图 7-2-9 亲和源·康桥爱养之家老年公寓项目平面图（一）

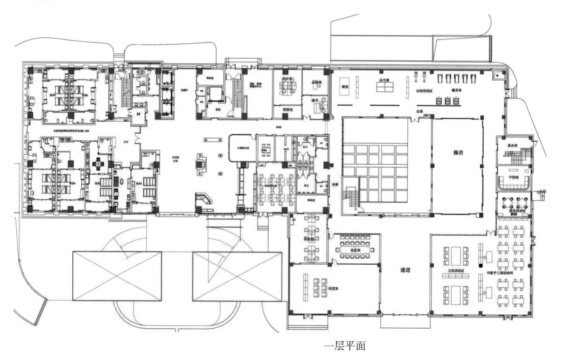

一层平面

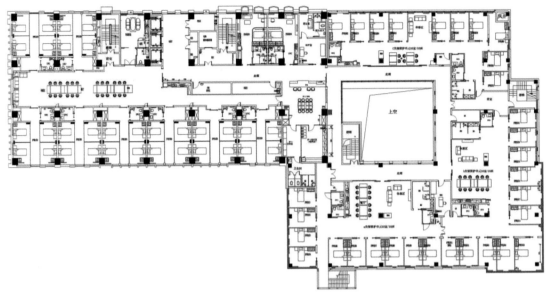

二层平面

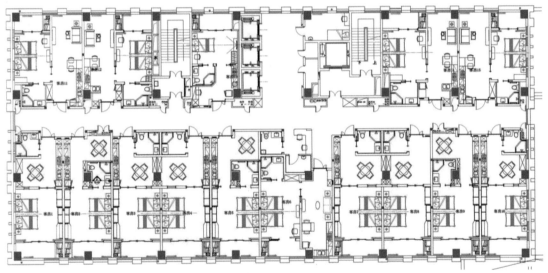

标准层平面

图 7-2-9　亲和源·康桥爱养之家老年公寓项目平面图（二）

5. 护理客房、套房标准平面图

护理客房、套房标准平面见图 7-2-10。

6. 项目实景图

项目实景见图 7-2-11。

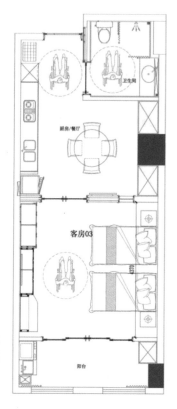
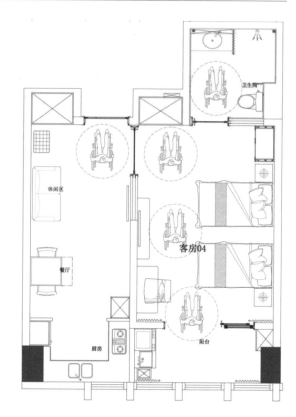

图 7-2-10 亲和源·康桥爱养之家护理公寓户型图

图 7-2-11 亲和源·康桥爱养之家老年公寓项目室内实景图片（一）

图 7-2-11　亲和源·康桥爱养之家老年公寓项目室内实景图片(二)

7.2.4 日本圣棣藤泽伊甸园

1. 项目背景

圣棣藤泽伊甸园项目位于神奈川县藤泽市大庭 5526-2，距离 JR 辻堂站北口约十分钟车程，位于湘南生活城中心街区，提供饮食服务、健康管理服务、护理服务、外出观光及生活娱乐服务，能够让老人享受到舒适的生活环境。

2. 周边环境

周围二番构公园、大庭裹门公园、大庭城址公园，在这里可以享受到非常稳健的自然环境。

3. 医疗配套

附近老年综合养老设施齐全，生活医疗配置齐全，有湘南生活诊疗所、圣隶横滨医院等，还有药店及生活便利的公共设施。

4. 项目概况

开业时间：2011 年 4 月。

建筑面积：占地面积 2198.78m²，总建筑面积 18494.35m²，其中地上 14353.66m²，地下 4140.69m²。

房间数量：共 209 间，418 张床位。

5. 项目实景图

项目实景见图 7-2-12。

图 7-2-12 圣棣藤泽伊甸园项目实景图（一）

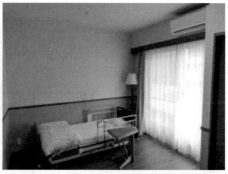

图 7-2-12 圣棣
藤泽伊甸园项目
实景图（二）

7.2.5 保利广州中科和熹会

1. 项目背景

保利广州中科和熹会位于广州市黄埔区萝岗科学城中心区域——保利中科广场，是保利发展控股集团在华南区域落地的第一个养老项目。

2. 周边环境

项目毗邻保利假日酒店、高德汇、万达广场，距离六号线暹岗站 B 出口约 500m，乘车可快速到达广州市区中心，购物、出行、就医快捷便利。周边公园环绕，绿树成荫。

3. 医疗配套

保利广州中科和熹会现有医照部主任 2 人、全科医生 2 人、康复师 1 人、护士 3 人、护理员 26 人，内设医务室，且距离中山大学第三附属医院岭南医院仅 1.5km，就医一步到位，快捷便利。与南方医科大学附属第三医院、广州市老年病康复医院签订了合作协议，为入住长者的就医用药提供了便利。2019 年 7 月 23 日，保利广州中科和熹会获得广州市社保局批准，正式成为广州市社会保险定点医疗服务机构。

4. 项目概况

开业时间：2017 年 11 月 9 日；

建筑面积：11000m²；

客房数量：总房间数 104 间，195 张床位。

5. 项目平面图

项目平面见图 7-2-13。

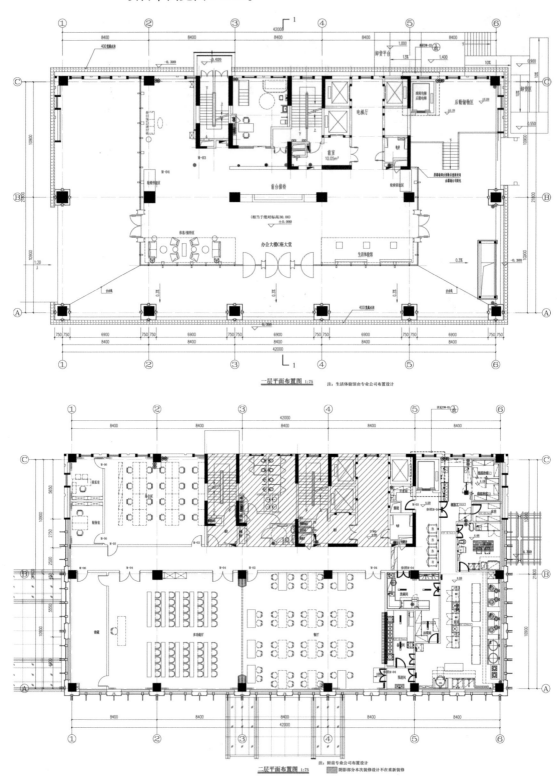

一层平面布置图 1:75　注：生活体验馆由专业公司布置设计

二层平面布置图 1:75　注：厨房专业公司布置设计

图 7-2-13　保利广州中科和熹会平面图（一）

三层平面布置图 1:75　　注：▨ 阴影部分本次装修设计不在重新装修

四至八、十层平面布置图 1:75　　注：介助、介护层(13间、26床)
　　　　　　　　　　　　　　　　　　▨ 阴影部分本次装修设计不在重新装修

图 7-2-13　保利广州中科和熹会平面图（二）

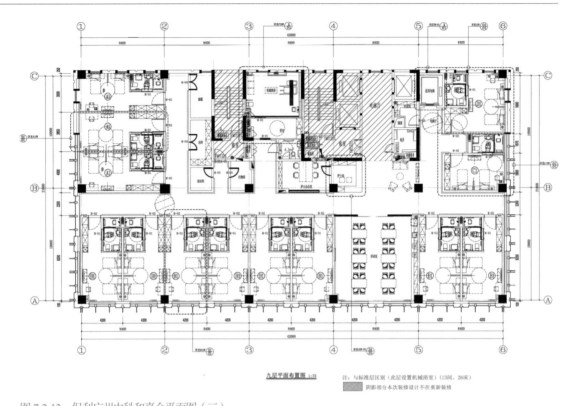

九层平面布置图 1:78

注：与标准层区别（此层设置机械浴室）（13间、26床）
▨ 阴影部分本次装修设计不在重新装修

图 7-2-13　保利广州中科和熹会平面图（三）

6. 项目实景图

项目实景见图 7-2-14。

图 7-2-14　保
利广州中科和
熹会客房实景
图

7.3　CC社区老年生活照料中心

7.3.1　远洋·椿萱茂（北京·玉蜓桥）照料中心

1. 项目背景

远洋·椿萱茂（北京玉蜓桥）照料中心位于南二环，天坛公园南侧，蒲黄榆二里社区内，北侧紧邻二环主路及天坛公园，南侧距 5 号线蒲黄榆站800m，东侧 300m 为玉蜓桥，西侧为永安门及北京南站。

2. 周边环境

项目周边 5km 半径范围内，公园绿地等景观资源丰富，包含适合长辈休闲放松的天坛公园、龙潭西湖公园、陶然亭公园，区域内环境较好，更有家乐福、物美超市等大型购物商场环绕，生活环境可谓便利、舒适。

3. 医疗配套

项目不仅有便利的交通，更拥有成熟的医疗配套，包括首都医科大学附属北京天坛医院、首都医科大学附属北京友谊医院等数家三甲医院和社区医院。

4. 项目概况

建设时间：2017 年 8 月底开业；

建筑面积：2000m^2；

客房数量：25 户；

项目容量：地上 3 层，共 25 间，60 张床位。

5. 项目平面图

项目平面见图 7-3-1。

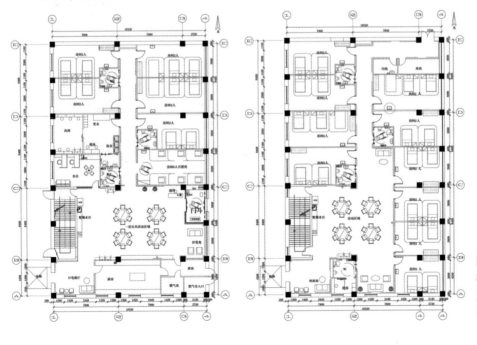

图 7-3-1　远洋椿萱茂（北京玉蜓桥）照料中心平面图

161

6. 项目效果图

项目效果见图 7-3-2。

图 7-3-2 远洋椿萱茂（北京玉蜓桥）照料中心效果图

7.3.2 日本大阪帝塚山

1. 项目背景

项目位于日本大阪帝塚山地区，属于社区型老年照料及居住中心。

2. 周边环境

项目周边有万代池公园，自然环境良好。附近超市、医疗资源完备，为老年人提供机能训练、健康管理、健康咨询、帮助服药、生活日常记录、排泄生命体征等，帮助不能自理的老人翻身，在室内活动、穿衣等护理服务，生活支援、陪伴护理服务、助餐助浴等生活辅助，能够及时提供医疗陪护，必要时可及时提供给长者一条保障生命安全的绿色通道。

3. 项目平面图

项目平面见图 7-3-3。

图 7-3-3 日本大阪帝塚山项目平面图

4. 项目实景图

项目实景见图 7-3-4。

图 7-3-4 日本大阪帝塚山项目实景图（一）

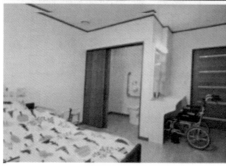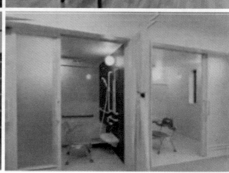

图 7-3-4　日本大阪帝塚山项目实景图（二）

7.3.3　保利成都和熹会

1. 项目背景

保利成都和熹会项目是保利发展在成都两河住宅项目内建设的 5000m² 的养老机构，坐落于成都市金牛区两河森林公园内，绿荫环抱，鸟语花香，结合住宅与自然资源，形成居家＋自理＋介护型社区老年生活照料中心。

2. 周边环境

项目周边为两河森林公园，位于金牛区金牛乡淳风村和清水河村境内。公园总面积达 437.3 万 m²，是离城区最近、规模空前、号称"城西最大绿肺"的森林公园。自然野趣让人心旷神怡，是理想的养老安居之地。

3. 医疗配套

机构内设医务室和康复理疗室，与成都西区医院（三乙）合作建立转诊绿色通道，距离成飞医院（三甲）仅 15 分钟车程。

4. 项目概况

开业时间：2017 年 9 月；

建筑面积：6387m²；

客房数量：总房间数 78 间，126 张床位。

5. 项目平面图

项目平面见图 7-3-5。

负一层主要功能有厨房、洗衣房、设备机房、员工宿舍与餐厅**等**

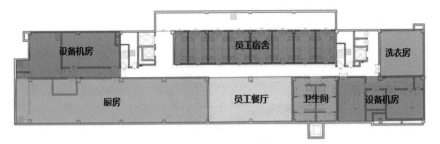

一层主要功能有大堂、办公、日间照料**等**

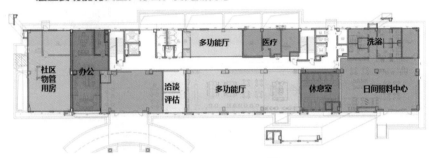

二层主要功能有自理单\双人间、VIP套间、照护站、公共活动空间**等**

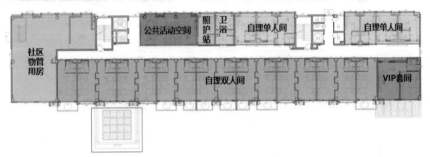

三层主要功能有自理单\双人间、VIP套间、照护站、公共活动空间**等**

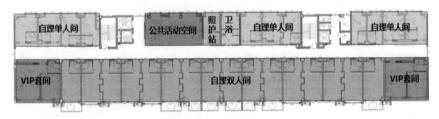

四层主要功能有高护间、照护站、公共活动空间、失智区**等**

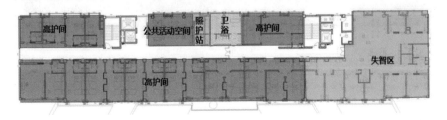

图 7-3-5　保利
成都和熹会平
面图

165

6. 项目实景图

项目实景见图 7-3-6、图 7-3-7。

图 7-3-6 保利成都和熹会院内实景图

图 7-3-7 保利成都和熹会公区实景图

第8章
养老住区室内全装修发展方向

养老住区室内全装修发展与老人的健康生活紧密相连，也与相关产业智能化、标准化、信息化发展息息相关，从可持续发展的角度出发，我们应从以下四个方面来思考未来全装修的发展方向：

8.1 适老化设计精细化

专注老人在养老住区里居住生活的便利性，防止入住老人发生意外伤害，为老人辅具使用留出空间余量，方便养老机构护理，降低护理服务成本，如一卡通智能门锁、圆角家具设置、入户感应灯、防滑地面、无障碍门厅、扶手等方方面面的精细化设计来满足老年人的居住、照料护理需求。

8.2 空间设计人性化

从满足老年人的"幸福感"入手，在设计室内公共活动空间时，留出更多面积的亲情交流空间，体现出对老年人的关爱，满足未来老年客户对公共活动空间环境日益提高的需求。

8.3 居家养老智能化

智能老年家具是在现代适老化家具的基础上，将组合智能、电子智能、机械智能、物联智能巧妙地融入家具产品中，使适老化家具智能化、人性化，使居家养老生活更加便捷、舒适，也是未来智慧居家养老的重要组成部分。

8.4 装配式全装修一体化

随着国家对装配式建筑的大力推广，装配式建筑日益频繁地出现在日常生活中，而装配式装修也应运而生，采用装配式建造方式，是未来全装修发展的重要方向。装配式全装修的特点是标准化设计、工厂化生产、装配化施工、一体化装修，包括干式工法楼面、地面、集成厨房、集成卫生间、管线分离。未来养老住区的全装修设计必须要建立装配式一体化集成设计的理念，采用人性化设计、工厂化生产、装配化施工、一体化装修的思路，把建筑系统、结构系统、机电系统、装修系统这些功能协调统筹，并采用先进的技术手段，如 BIM 技术数字化平台，做到模数化、标准化、模块化，做到多专业协调与平行设计，从建筑、装修、软装及配套一体化整合呈现。

8.5 结语

　　未来二十年，我国将处于老年人口增长高峰期，养老住区的需求将爆发式增长，而住区的装修环境及适老化细节设计品质是老年人健康养老的重要保证，本书针对养老住区全装修设计标准的研究，目的是从"可持续发展"的角度出发，结合养老住区装修设计要素及特征，为制定出最优化的养老住区全装修设计标准提供科学、人性化的指导意见，推动养老住区全装修产业高品质发展，真正为老年人营造一个"老有所为，老有所乐"的生活环境。

参考文献

［1］张玉芳 . 老年人室内照明光环境试验及研究［D］. 天津：天津大学，2006.

［2］吴淑英，颜华，史秀茹 . 老年人视觉与照明光环境的关系［J］. 眼视光学杂志，2004，6（1）：56-58.

［3］周燕珉，秦岭 . 日本养老设施的设计经验总结［J］. 世界建筑导报，2015，（3）：30-33.

［4］朱景婷 . 老年人居住室内环境色彩研究［D］. 天津：天津大学，2008.

［5］周蓓 . 老年卧室无障碍设计［D］. 苏州：苏州大学，2012.

［6］王冠 . 基于环境心理学的住宅室内设计研究［D］. 哈尔滨：东北林业大学，2011.

［7］张建敏 . 老年人无障碍室内设计研究［D］. 重庆：重庆大学，2008.